世界技能大赛 3D 数字游戏艺术项目创新教材

U0210406

Maya 2017 三维动画建模案例教程

伍福军　张巧玲　主　编

邓　进　副主编

陈公凡　主　审

电子工业出版社

Publishing House of Electronics Industry

北京·BEIJING

内 容 简 介

本书根据作者多年的教学经验、对高职高专和职业院校实际情况（强调学生的动手能力）编写而成，精心挑选了 26 个案例进行详细介绍，再通过 26 个拓展项目训练来巩固所学内容。本书采用实际操作与理论分析相结合的方法，让学生在项目制作过程中学习、体会理论知识，同时扎实的理论知识又为实际操作奠定坚实的基础，使学生每做完一个项目就会有一种成就感，极提高了学生的学习兴趣，再通过拓展项目训练增强学生的知识迁移能力。

本书共 8 章，内容涉及 Maya 2017 建模基础、四足动物模型制作——马、机械模型的制作——机器猫、人体模型的制作——男性人物模型、卡通角色模型的制作、游戏角色建模、动画场景模型制作——室外场景和室内场景，按照【案例内容简介】→【案例效果欣赏】→【案例制作流程（步骤）及技巧分析]→【制作目的】→【制作过程中需要解决的问题】→【案例详细操作步骤】→【拓展训练】这一思路进行编排。

本书适用于高职高专及职业院校学生，也可作为短期培训的案例教程，还可以作为三维动画设计者、三维动画爱好者、动画专业学生和参加国家职业技能考试（三维动画角色建模、场景建模方向）的工具书。

图书在版编目（CIP）数据

Maya 2017 三维动画建模案例教程/伍福军，张巧玲主编. —北京：电子工业出版社，2017.8
世界技能大赛 3D 数字游戏艺术项目创新规划教材
ISBN 978-7-121-31554-1

I. ①M… II. ①伍…②张… III. ①三维动画软件—教材 IV. ①TP391.414

中国版本图书馆 CIP 数据核字(2017)第 108314 号

责任编辑：郭穗娟
特约编辑：顾慧芳
印　　刷：北京七彩京通数码快印有限公司
装　　订：北京七彩京通数码快印有限公司
出版发行：电子工业出版社
　　　　　北京市海淀区万寿路 173 信箱　邮编　100036
开　　本：787×1 092　1/16　印张：18　字数：457.6 千字
版　　次：2017 年 8 月第 1 版
印　　次：2023 年 2 月第 12 次印刷
定　　价：59.00 元（含 DVD 光盘 2 张）

凡所购买电子工业出版社图书有缺损问题，请向购买书店调换。若书店售缺，请与本社发行部联系，联系及邮购电话：(010)88254888，88258888。

质量投诉请发邮件至 zlts@phei.com.cn，盗版侵权举报请发邮件至 dbqq@phei.com.cn。

本书咨询方式：(010)88254502，guosj@phei.com.cn

前　　言

本书是根据作者多年的教学经验、对高职高专和职业院校实际情况（强调学生的动手能力）编写而成，精心挑选了 26 个案例进行详细介绍，再通过 26 个拓展项目训练来巩固所学内容。本书采用实际操作与理论分析相结合的方法，让学生在项目制作过程中学习、体会理论知识，同时扎实的理论知识又为实际操作奠定坚实的基础，使学生每做完一个项目就会有一种成就感，提高了学生的学习兴趣，再通过拓展项目训练来提高学生的知识迁移能力。

本书共 8 章：

第 1 章　Maya 2017 建模基础，主要通过 5 个案例介绍 Maya 2017 建模的相关基础知识。

第 2 章　四足动物模型制作——马，主要通过 2 个案例介绍四足动物建模的规律、方法和技巧。

第 3 章　机器猫的制作，主要通过 3 个案例介绍工业设计（机械类）模型制作的原理、基本流程、方法、技巧和注意事项。

第 4 章　人体模型的制作，主要通过 3 个案例介绍人体比例、人体结构、人体肌肉的分布、人体建模布线原理、人体建模的方法和技巧。

第 5 章　卡通角色模型的制作，主要通过 3 个案例介绍卡通角色建模的原理、布线方法和制作原理。

第 6 章　游戏角色建模，主要通过 2 个案例介绍游戏角色建模的原理、布线方法和制作流程。

第 7 章　场景模型制作——室外场景，主要通过 4 个案例介绍场景模型制作的流程、方法、技巧及注意事项。

第 8 章　室内场景——书房，主要通过 4 个案例介绍室内场景制作的流程、方法、技巧以及注意事项。

本书编写体系做了精心的设计，按【案例内容简介】→【案例效果欣赏】→【案例制作流程（步骤）及技巧分析]】→【制作目的】→【制作过程中需要解决的问题】→【案例详细操作步骤】→【拓展训练】这一思路进行编排。

（1）通过案例内容简介，使学生了解案例制作的基本情况。

（2）力求通过案例效果预览提高学生的积极性和主动性。

（3）通过案例制作流程（步骤）及技巧分析，使学生在制作前了解整个案例的制作流程、案例用到的知识点和制作大致步骤。

（4）通过制作目的，使学生了解通过该案例的学习需要达到的目的。

（5）通过制作过程中需要解决的问题，使学生了解通过该案例的学习需要掌握哪些知识点。

（6）通过案例详细操作步骤，使学生了解整个案例制作过程中需要注意的细节、方法以及技巧。

（7）通过拓展训练使读者对所学知识进一步巩固、加强和提高知识迁移能力。

编者将 Maya 2017 基本功能、新功能和三维动画建模（角色建模和场景建模方向）等相关知识融入实例的讲解过程，使学生可以边学边练，既能掌握软件功能，又能快速进入案例操作过程中。

本书内容丰富，可以作为三维动画设计者、三维动画爱好者、动画专业学生和参加国家职业技能考试（三维动画角色建模、场景建模方向）的工具书，通过本书可随时翻阅、查找需要的效果制作。

本书的每一章都有学时安排供老师教学和学生自学时参考，同时，配套素材中有每一章的项目效果文件、素材、PPT 文档和多媒体视频教学。学生和三维动画爱好者在没有人指导的情况下也能顺利地学习书中的每个项目。本书素材、原文件和多媒体视频教学存放在配套素材中的相应文件夹中。本书适用于高职高专及职业院校学生，也可作为短期培训的案例教程，对于初学者和自学者尤为适用。

本书由伍福军担任第一主编，张巧玲担任第二主编，广西师范大学邓进担任副主编。重印时陈公凡对本书进行了主审，在此表示感谢。

尽管编者为本书付出很多心血，但仍然存在不足之处，敬请广大读者批评指正。

编　者

2021 年 2 月

目　　录

第 1 章　Maya 2017 建模基础

知识点:

案例 1：宝剑模型的制作

案例 2：闹钟模型的制作

案例 3：鼠标模型的制作

案例 4：小号模型的制作

案例 5：吉他模型的制作

说明:

　　本章主要通过 5 个案例介绍 Maya 2017 建模基础知识；多边形建模的方法、基本流程、NURBS 建模的方法、基本流程及技巧。读者熟练掌握本章内容是深入学习后续章节的基础。

教学建议课时数:

　　一般情况下需要 14 课时，其中理论 4 课时，实际操作 10 课时（特殊情况可作相应调整）。

本章案例导读及效果预览（部分）

【1】导入参考图 → 【2】制作宝剑模型 → 【3】制作宝剑的剑鞘模型 → 【4】收集资料制作闹钟主体部分 → 【5】闹铃、提手以及其他装饰模型制作

【10】导入参考图制作吹嘴、拉杆和喇叭口模型 ← 【9】将NURBS模型转为Polygons模型 ← 【8】调节鼠标模型细节 ← 【7】导入参考图制作鼠标粗模 ← 【6】指针、玻璃盖和数字模型制作

【11】制作小号的按键和其他配件模型 → 【12】导入参考图，制作吉他琴箱模型 → 【13】制作琴杆、上弦枕、下弦枕、指板和品格模型 → 【14】制作琴头和琴弦模型

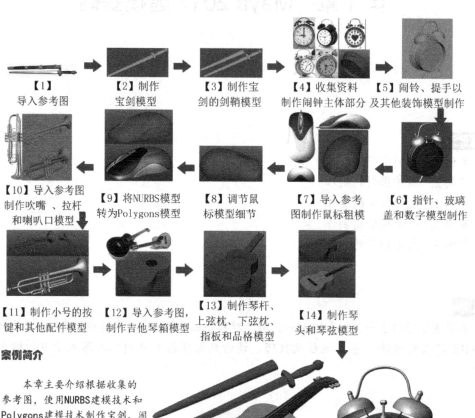

案例简介

　　本章主要介绍根据收集的参考图，使用NURBS建模技术和Polygons建模技术制作宝剑、闹钟、鼠标、小号和吉他模型。

案例技术分析

　　本章主要介绍Maya 2017中常用的NURBS建模命令和Polygons建模命令的综合运用，现时生活中常见的各种物品模型制作的原理、方法以及技巧。

案例制作流程

　　本章主要通过5个案例介绍现时生活中常用物品模型制作的原理、方法以及技巧。案例1：制作宝剑模型；案例2：制作闹钟模型；案例3：制作鼠标模型；案例4：制作小号模型；案例5：制作吉他模型。

> **案例素材：** 本章案例素材和工程文件，位于本书配套光盘中的"Maya 2017jsjm/Chapter01/相应案例的工程文件目录"文件夹。
>
> **视频播放：** 本章案例视频教学文件位于配套光盘中的"视频教学"文件夹。

在本章中主要通过 5 个案例全面介绍 Maya 2017 的基本操作、相关设置以及与建模相关的基本操作。熟练掌握本章内容是顺利学习后续章节的必备知识。

案例 1：宝剑模型的制作

一、案例内容简介

本案例主要使用 Maya 2017 中的 Modeling（模型）模块下的相关命令，根据参考图制作宝剑和剑鞘模型。

二、案例效果欣赏

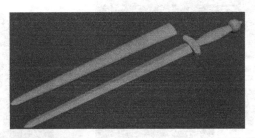

三、案例制作流程（步骤）及技巧分析

任务一：导入参考图　　　　任务二：制作宝剑模型　　　　任务三：制作宝剑的剑鞘模型

四、制作目的

通过宝剑模型的制作，熟悉 Modeling（模型）模块中命令的使用方法和宝剑模型的布线以及建模原理。

五、制作过程中需要解决的问题

（1）怎样导入参考图，导入参考图的两种方法。
（2）宝剑各组成部分的名称以及建模的布线原则。
（3）Modeling（模型）模块下各种命令的灵活使用。

六、详细操作步骤

任务一：导入参考图

在 Maya 2017 中，参考图的使用主要有如下两种方法。

方法一：通过 View（视图）菜单中的 Import Image（导入图片）来实现。

方法二：在正交视图中创建平面，再通过贴图来实现。

下面介绍这两种方法的具体操作步骤。

1. 通过 Import Image（导入图片）来实现

【步骤01】：单击 top（顶视图）菜单中的 View（视图）→Image Plane（图像面板）→Import Image（导入图片）命令。弹出"Open"对话框。

【步骤02】：在"Open（打开）"对话框中选择需要导入的参考图，如图 1.1 所示。

【步骤03】：单击"Open（打开）"按钮即可将参考图导入 top（顶视图）中。

【步骤04】：单击 top（顶视图）菜单中的 View（视图）→Select Camera（选择摄像机）命令。打开 Attribute Editor（属性编辑）面板。具体设置如图 1.2 所示。

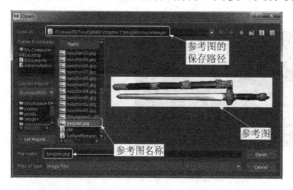
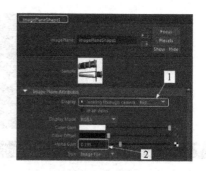

图 1.1 "Open"对话框　　　　　　　　图 1.2 参考图参数设置

【步骤05】：调节参考图的位置。具体调节如图 1.3 所示。参考图在 top（顶视图）中的效果如图 1.4 所示。

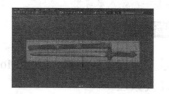

图 1.3 摄像机参数设置　　　　　　　图 1.4 导入的参考图效果

提示：单选 Looking through camera（通过摄影机观看），只能在选定设置的正交视图中显示参考图。参考图位置的调节，主要通过 Center（中心）参数右边的 3 个输入框的设置来调节。它分别对应世界坐标的"X"、"Y"和"Z"3 个坐标值。

2. 通过贴图来实现

【步骤01】：在菜单栏中单击 Create（创建）→Polygon Primitives（多边形基本几何体）→Plane（平面）命令。在 top（顶视图）中按住鼠标左键不放的同时进行拖拽即可。

【步骤02】：在右边的通道栏中设置平面的参数，具体设置如图 1.5 所示。

【步骤03】：将鼠标移到 top（顶视图）中的平面上，单击鼠标右键，弹出快捷菜单。在按

住鼠标右键不放的同时，将鼠标移到快捷菜单中的 Assign New Material（指定新的材质）命令上松开鼠标，弹出 Assign New Material（指定新的材质）对话框。

【步骤04】：在 Assign New Material（指定新的材质）对话框中单击 Blinn 材质按钮，在界面右边弹出 Blinn1（布林 1）的属性编辑器对话框，如图 1.6 所示。

【步骤05】：单击 Color（颜色）右边的█按钮，弹出 Create Render Node（创建渲染节点）对话框，如图 1.7 所示。

图 1.5　创建平面的参数　　　图 1.6　Blinn1 材质参数　　　图 1.7　Create Render Node
　　　　　设置　　　　　　　　　　　　　　　　　　　　　　　　（创建渲染节点）对话框

【步骤06】：在 Create Render Node（创建渲染节点）对话框中单击 File（文件）项。跳转到文件的属性编辑器，如图 1.8 所示。

【步骤07】：单击 Image Name（图片名称）右边的█按钮，弹出 Open（打开）对话框，在该对话框中选择需要导入的参考图，如图 1.9 所示。单击 Open 按钮即可给创建的平面添加一张参考图，如图 1.10 所示。

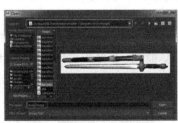

图 1.8　文件属性对话框　　　图 1.9　选择的贴图文件　　　图 1.10　贴图之后的效果

【步骤08】：从图 1.10 可以看出，参考图的比例不对。参考图的大小为 1280×229。在视图中单选平面。在 Channel Box（通道盒）中修改平面的缩放比例。具体设置如图 1.11 所示。在视图中的效果如图 1.12 所示。

【步骤09】：在视图中确保平面被选中。在 Layer Editor（层编辑器）中单击█（创建新层并将选择的对象添加到该层）按钮，即可创建一个图层且被选中的对象也被添加到新创建的图层中。根据要求设置图层。具体设置如图 1.13 所示。

【视频播放】具体操作步骤，请观看配套视频"任务一：导入参考图.wmv"。

图 1.11　平面的参数设置

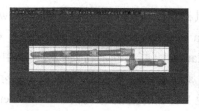

图 1.12　设置参数之后的效果

图 1.13　创建的显示层

任务二：制作宝剑模型

宝剑一般由剑柄、剑身和剑鞘三大部分组成。剑柄是指手握部分，古称剑茎、剑把或剑格（又称为护手）；剑身是指剑的锋刃部位，剑身主要包括剑颚、剑脊、剑刃和剑锋 4 部分。剑颚又称为吞口，指剑身与护手间的铜片，主要用来防止剑鞘滑落。剑脊指剑身中央凸起部分，剑刃又称锷，指剑身两侧的锋利部分。剑锋指剑身末端，剑尖附件部分。

剑鞘又称为剑匣、剑室俗称剑壳。剑鞘上有鞘口、挂环和剑镖等部件，与剑柄的剑首、护手统称为剑的外装饰或装具。鞘口主要防止剑鞘入口崩裂，护环主要用于保护剑鞘，防止开裂变形，剑标主要用于保护鞘尾。

以上介绍了宝剑的基本结构和各部分的作用，下面根据参考图介绍宝剑的具体制作步骤。

1. 制作剑柄

1）制作剑首

【步骤01】：在菜单栏单击 Create（创建）→Curve Tools（曲线工具）→CV Curve Tool（CV 曲线工具）命令。在 Top（顶视图）中绘制如图 1.14 所示的 CV 曲线。

【步骤02】：在按住键盘上的"D"和"V"键不放的同时，将鼠标移到曲线上，按住鼠标中键不放进行移动，将 CV 曲线的轴点移到如图 1.15 所示的位置。

【步骤03】：旋转成面。选择 CV 曲线。在菜单栏中单击 Surfaces（曲面）→Revolve（旋转）命令，再执行 Surfaces（曲面）→Reverse Direction（反转方向）即可得到如图 1.16 所示的剑首模型。

图 1.14　绘制 CV 曲线

图 1.15　曲线的轴心点位置

图 1.16　旋转得到的剑首模型

2）制作剑把

【步骤01】：将鼠标移到剑首模型上按住鼠标右键不放，弹出快捷菜单，按住鼠标右键不

放的同时，将鼠标移到弹出快捷菜单中的 Isoparm（等参线）命令上松开鼠标，即可进入模型的等参线编辑模式。

【步骤02】：选择如图 1.17 所示的等参线。在菜单栏中单击 Curves（曲线）→Duplicate Surface Curves（复制曲面曲线）命令即可复制出一条曲线。

【步骤03】：将复制的曲线移到如图 1.18 所示的位置。

【步骤04】：选择剑首开口处的等参线和刚复制出来的曲线。在菜单栏中单击 Surfaces（曲面）→Loft（放样）命令，即可得到如图 1.19 所示的模型。

【步骤05】：选择剑首模型，进入 Hull（壳）编辑模式，选择壳线进行挤压操作，如图 1.20 所示。

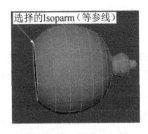
图 1.17　选择的等参线

图 1.18　复制的曲面曲线

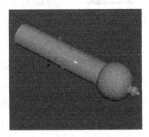
图 1.19　放样得到的模型

【步骤06】：给放样出来的模型添加 Isoparm（等参线）。选择剑把模型，进入 Isoparm（等参线）编辑模式。按住键盘上的 Shift 键不放，拖拽出如图 1.21 所示的 Isoparm（等参线）曲线。在菜单栏中单击 Surfaces（曲面）→Insert Isoparms（插入等参线）命令即可，如图 1.22 所示。

图 1.20　缩放之后的效果

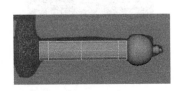
图 1.21　等参线的位置

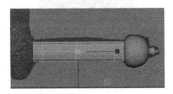
图 1.22　插入的等参线

【步骤07】：进入剑把的 Control Vertex（控制点）编辑模式，根据参考图进行缩放操作。最终效果如图 1.23 所示。

3）制作剑格

剑格的制作主要使用 Create Polygon Tool（创建多边形工具）命令来实现。

【步骤01】：在菜单栏中单击 Mesh Tool（网格工具）→Create Polygon（创建多边形）命令。在 Top（顶视图）中绘制如图 1.24 所示的多边形模型。

【步骤02】：对创建的多边形添加边。在菜单栏中单击 Edit Mesh（编辑网格）→Split Polygon Tool（分离多边形工具）命令。在 Persp（透视图）中给剑格添加边，如图 1.25 所示。

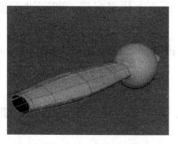

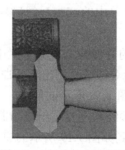

图 1.23　调节之后的效果　　　　图 1.24　创建的多边形面　　　　图 1.25　添加的边

【步骤03】: 对剑格进行挤出操作。选择剑格的所有面。在菜单栏中单击 Edit Mesh（编辑网格）→Extrude（挤出）命令，在 Persp（透视图）中对剑格进行挤出操作，最终效果如图 1.26 所示。

【步骤04】: 使用 Insert Edge Loop Tool（插入环形边工具）给剑格添加环形线。在菜单栏中单击 Edit Mesh（编辑网格）→Insert Edge Loop Tool（插入环形边工具）命令。在透视图中给剑格添加 3 条环形边并适当调节剑格模型的边位置。最终效果如图 1.27 所示。

【步骤05】: 对剑格模型的边进行倒角处理。在透视图中选择如图 1.28 所示的边。在菜单栏中单击 Edit Mesh（编辑网格）→Bevel（倒角）命令。根据任务要求适当调节倒角的大小。参数和最终效果如图 1.29 所示。光滑后的效果如图 1.30 所示。

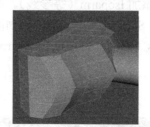

图 1.26　挤出的效果　　　　图 1.27　插入的三条环形边　　　　图 1.28　选择的 2 条边

2. 制作宝剑的剑身

宝剑剑身模型的制作主要使用立方体通过旋转、缩放和挤压等操作来实现，具体操作步骤如下。

【步骤01】: 在菜单栏中单击 Create（创建）→Polygon Primitives（多边形基本几何体）→Cube（立方体）命令。在顶视图中创建一个立方体。

【步骤02】: 根据参考图，调节立方体大小、在 Side（侧视图）对立方体旋转 45°，再进行适当缩放操作。最终效果如图 1.31 所示。

【步骤03】: 进入剑身的 Face（面）编辑模式。选择剑锋的面，在菜单栏中单击 Edit Mesh（编辑网格）→Poke（凸起）命令。再进入剑身的 Control Vertex（控制点）编辑模式，对顶点进行适当调节。最终效果如图 1.32 所示。

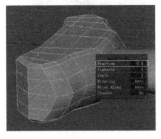
图 1.29　倒角和参数设置

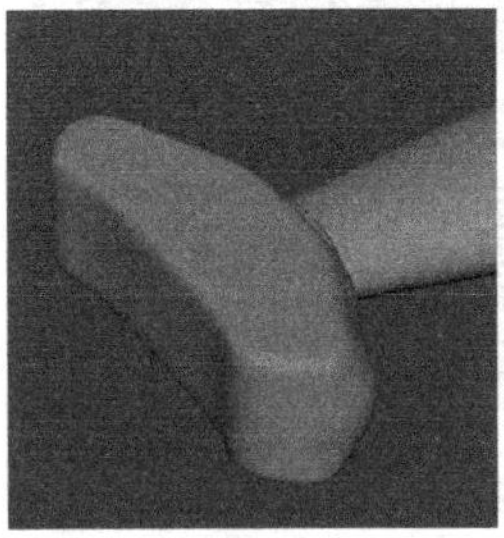

图 1.30　光滑处理之后的效果

图 1.31　旋转和调节之后的效果

【步骤04】：给剑脊制作轮廓。选择剑身的剑脊上的边，如图 1.33 所示。在菜单栏中单击 Edit Mesh（编辑网格）→Bevel（倒角）命令即可，如图 1.34 所示。

图 1.32　使用 Poke 命令和调节点
之后的效果

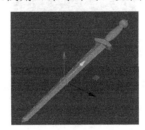
图 1.33　选择剑脊的边

图 1.34　倒角和倒角参数设置

具体操作步骤，请观看配套视频"任务二：制作宝剑模型.wmv"。

任务三：制作宝剑的剑鞘模型

剑鞘模型的制作比较简单，在视图中创建一个圆柱体，再通过适当的调节来实现，具体操作步骤如下。

【步骤01】：创建圆柱体。在菜单栏中单击 Create（创建）→Polygon Primitives（多边形基本几何体）→Cylinder（圆柱体）命令。在视图中创建一个圆柱体。

【步骤02】：根据参考图，对圆柱体进行适当的缩放和旋转等操作，如图 1.35 所示。

【步骤03】：添加环形边。在菜单栏中单击 Mesh Tools（网格工具）→Insert Edge Loop Tool（插入环形边工具）命令。给剑鞘添加环形边，如图 1.36 所示。

【步骤04】：继续添加边。在菜单栏中单击 Mesh Tools（网格工具）→Multi-Cut（多切割）命令。在透视图中给剑鞘的末端添加边并适当调节边的位置。如图 1.37 所示。

【步骤05】：选择鞘口处选择面。在菜单栏中单击 Edit Mesh（编辑网格）→Extrude（挤出）命令。对选择的面进行挤出并进行适当缩放调节。连续进行几次挤出和缩放调节。最终效果如图 1.38 所示。

【步骤06】：选择环形边，如图 1.39 所示。

【步骤07】：对选择边进行倒角处理。在菜单栏中单击 Edit Mesh（编辑网格）→Bevel（倒角）命令，如图 1.40 所示。

图 1.35　对创建的圆柱调节
之后的效果

图 1.36　插入的 3 条环形边

图 1.37　切割边之后的效果

图 1.38　多次挤出和调节
之后的效果

图 1.39　选择的环形边

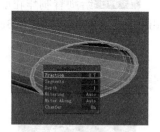

图 1.40　倒角效果和倒角
参数设置

【步骤08】：对剑鞘进行光滑处理。选择剑鞘模型，在菜单栏中单击 Edit Mesh（编辑网格）→Smooth（平滑）命令即可，如图 1.41 所示。

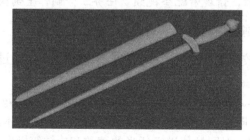

图 1.41　对剑鞘进行光滑处理并进行适当调节之后的效果

视频播放 具体操作步骤，请观看配套视频"任务三：制作宝剑的剑鞘模型.wmv"。

令七、拓展训练

根据案例 1 所学知识，选择下图任意一个参考图制作宝剑模型。

案例 2：闹钟模型的制作

一、案例内容简介

根据案例要求收集有关闹钟的参考图，对收集的参考图进行分析和研究，熟练掌握闹钟的结构，再根据参考图，使用 Create（创建）、Surfaces（曲面）和 Text（文字）等相关命令，制作闹钟的主体、闹铃、提手、指针、玻璃盖和数字等模型。

二、案例效果欣赏

三、案例制作流程（步骤）及技巧分析

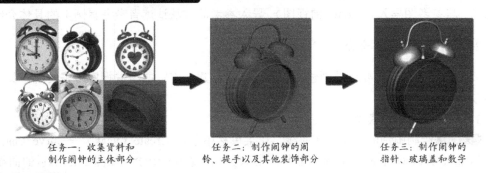

| 任务一：收集资料和 | 任务二：制作闹钟的闹 | 任务三：制作闹钟的 |
| 制作闹钟的主体部分 | 铃、提手以及其他装饰部分 | 指针、玻璃盖和数字 |

四、制作目的

通过闹钟模型的制作，使读者熟悉使用 Surfaces（曲面）相关命令来制作有关工业模型制作的原理、方法以及技巧。

五、制作过程中需要解决的问题

（1）根据案例要求怎样收集和分析参考资料。
（2）闹钟的结构和各个结构组成部分的名称。
（3）光滑模型制作的原理、方法以及技巧。
（4）闹钟制作的原理、方法以及技巧。
（5）Surfaces（曲面）建模技术与 Polygon 建模技术的合理结合制作工业模型。

六、详细操作步骤

在本项目中主要介绍工业建模中的闹钟模型的制作方法和技巧。在制作工业模型的时候，可以使用 Surfaces（曲面）建模技术与 Polygon 建模技术相结合来制作。

任务一：收集资料和制作闹钟的主体部分

1. 收集资料和导入参考图

收集资料了解所建模型的结构是制作精确模型的基础和前提条件。在这里本人收集了如图 1.42 所示的闹钟参考图。读者可以结合这些参考图片来制作闹钟的模型。

图 1.42　收集的闹钟参考图片

导入参考图，在这里以第 4 个红色的闹钟为参考图进行建模，其他闹钟作为其他结构的参考。将参考图导入到 front（前视图）。导入参考的方法请读者参考案例 1 的具体介绍。

2. 制作闹钟的主体部分

闹钟的主体部分主要通过创建 CV 曲线和对创建的 CV 曲线进行旋转来实现。具体操作方法如下。

1）制作闹钟主体模型

【步骤01】绘制闹钟的主体旋转曲线。在菜单栏中单击 Create（创建）→Curve（曲线）→CV Curve Tool（CV 曲线工具）命令。在 Top（顶视图）中绘制如图 1.43 所示的曲线。

【步骤02】旋转曲线成面。选择曲线，在菜单栏中单击 Surfaces（曲面）→Revolve（旋转）→□图标，弹出 Revolve Options（旋转选项）对话框，具体设置如图 1.44 所示。

【步骤03】单击 Revolve （旋转）按钮，即可得到如图 1.45 所示的效果。

 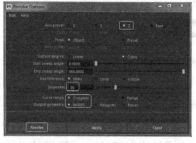 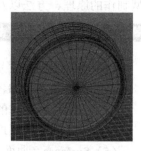

图 1.43　绘制的曲线　　　图 1.44　旋转选项对话框的参数设置　　　图 1.45　旋转之后的效果

提示： 在进行 Revolve（旋转）操作之前，一定要确保旋转轴点在绘制的曲线最左侧的起始点位置。如果不在那个位置，就要在按键盘上的"D"和"V"键的同时，按住鼠标中键不放进行移动即可。

【步骤04】 删除历史纪录。选择旋转的成面的模型和曲线，在菜单栏中单击 Edit（编辑）→Delete by Type（按类型删除）→History（历史）命令即可。

2）制作闹钟钟锤空洞

【步骤01】 在 Top（顶视图）中绘制一个圆。在菜单栏中单击 Create（创建）→NURBS Primitives（NURBS 基本几何体）→Cirle（圆形）命令，在顶视图中绘制一个圆形。

【步骤02】 进入圆形的 Control Vertex（控制点）编辑模式，使用缩放工具和移动工具对控制点进行调节。最终效果如图 1.46 所示。

【步骤03】 在 Top（顶视图）中选择圆形和闹钟主体模型。在菜单栏中单击 Surfaces（曲面）→Project Curve On Surface（投射曲线到曲面）命令，即可在闹钟主体模型上投射出两个圆形。如图 1.47 所示。

【步骤04】 此时，在主体模型上投射出了 2 个圆形，上面和下面各一个。选择下面看不到的椭圆将其删除。

【步骤05】 对闹钟主体进行修剪操作。单选闹钟主体模型。在菜单栏中单击 Surfaces（曲面）→Trim Toon（修剪工具）命令。在模型中需要保留部分的任意位置进行单击。效果如图 1.48 所示。

【步骤06】 按键盘上的 Enter（回车）键，即可得到如图 1.49 所示的效果。

【步骤07】 选择闹钟主体模型，删除历史纪录。

图 1.46　调节之后圆的效果　　图 1.47　投射的圆效果　　图 1.48　添加修剪命令之后的效果　　图 1.49　修剪之后的效果

视频播放 具体操作步骤，请观看配套视频"任务一：收集资料和制作闹钟的主体部分.wmv"。

任务二：制作闹钟的闹铃、提手及其他装饰部分

1. 制作闹钟的闹铃和提手

1）制作闹钟的闹铃

闹铃模型制作的方法通过一个球体基本几何体开始，通过缩放、挤出等操作来实现。

【步骤01】 在 Top（顶视图）中创建一个球体。在菜单栏中单击 Create（创建）→Polygon

Primitives（多边形基本几何体）→Sphere（球体）命令。在 Top（顶视图）中创建一个球体。

【步骤02】：在 Front（前视图）中对创建的球体进行旋转、缩放和位置调节，最终效果如图 1.50 所示。

【步骤03】：进入球体的 Face（面）编辑模式，删除下面的一半，再进行缩放等操作。效果如图 1.51 所示。

【步骤04】：对闹铃挤压出厚度。进入闹铃的 Face（面）编辑模式。在菜单栏中单击 Edit Mesh（编辑网格）→Extrude（挤出）命令。对闹铃挤压出一定的厚度。最终效果如图 1.52 所示。

图 1.50　球体效果　　　　图 1.51　删除多余面和缩放　　　图 1.52　挤出厚度之后的效果
　　　　　　　　　　　　　　　　　之后的效果

【步骤05】：对制作好的闹铃进行镜像复制。最终效果如图 1.53 所示。

2）制作闹铃的提手

【步骤01】：在 Front（前视图）中绘制 CV 曲线。在菜单栏中单击 Create（创建）→Curve（曲线）→CV Curve Tool（CV 曲线工具）命令。在 Front（前视图）中绘制如图 1.54 所示的曲线。

【步骤02】：绘制圆形。在菜单栏中单击 Create（创建）→NURBS Primitives（NURBS 基本几何体）→Cirle（圆形）命令，在 Side（侧视图）中绘制一个圆形，调节大小和位置。在 Persp（透视图）中的位置如图 1.55 所示。

  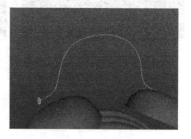

图 1.53　镜像复制之后的效果　　图 1.54　绘制的 CV 曲线　　　图 1.55　绘制的圆

【步骤03】：选择圆形，再加选 CV 曲线。在菜单栏中单击 Surfaces（曲面）→Extrude（挤出）命令，即可得到如图 1.56 所示的挤出模型。

【步骤04】：插入等参线。进入挤出模型的 Isoparm（等参线）模式。按住键盘上的 Shift 键不放的同时，用鼠标拖拽 Isoparm（等参线），连续拖拽 4 次。如图 1.57 所示。

【步骤05】：在菜单栏中单击 Surfaces（曲面）→Insert Isoparms（插入等参线）命令即可。

【步骤06】：进入挤出曲线的 Hull（壳）编辑模式，进行缩放操作。最终效果如图 1.58 所示。

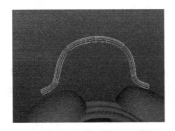
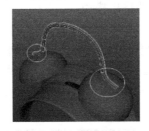

图 1.56　挤出的效果　　　　图 1.57　拖拽出的等参线　　　　图 1.58　编辑之后的效果

【步骤07】：制作提手的固定螺丝。在 Front（前视图）中绘制如图 1.59 所示曲线。

【步骤08】：选择曲线。在菜单栏中单击 Surfaces（曲面）→Revolve（旋转）命令，即可得到如图 1.60 所示的固定螺丝模型。

【步骤09】：将旋转出来的螺丝复制一颗并进行位置调节。最终效果如图 1.61 所示。

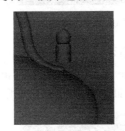

图 1.58　绘制的曲线　　　　图 1.59　旋转之后的效果　　　　图 1.60　复制并调节之后的效果

2. 闹钟的其他装饰制作

1）制作闹钟的两条支腿

闹钟的两条支腿造型与闹铃的固定螺丝造型完全相同，只要复制闹铃的固定螺丝进行旋转、缩放和移动操作即可。最终效果如图 1.62 所示。

2）制作闹钟的闹铃支架

【步骤01】：在前视图中绘制如图 1.63 所示的 CV 曲线。

【步骤02】：在 Side（侧视图）中绘制一个圆形并进入 Control Vertex（控制点）编辑模式，对控制节点进行调节，如图 1.64 所示。

图 1.62　调节之后的最终效果　　　　图 1.63　绘制的 CV 曲线　　　　图 1.64　绘制并调节之后圆效果

步骤03：选择圆形，再加选曲线。在菜单栏中单击 Surfaces（曲面）→Extrude（挤出）命令，即可得到如图 1.65 所示的挤出模型。

3）制作闹钟的闹锤

步骤01：在视图中创建一个如图 1.66 所示的圆柱体。

步骤02：进入圆柱体的 Face（面）编辑模式。选择两端的面。在菜单栏中单击 Edit Mesh（编辑网格）→Poke（刺破）命令。再进入 Vertex（顶点）编辑模式，调节两端的顶点位置，如图 1.67 所示。

  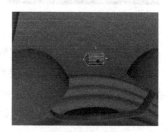

图 1.65　沿曲线挤出的效果　　　图 1.66　创建的圆柱体　　　图 1.67　使用刺破命令之后的效果

步骤03：选择如图 1.68 所示的环形边。在菜单栏中单击 Edit Mesh（编辑网格）→Bevel（倒角）→□图标，弹出 Bevel Options（倒角选项）对话框，具体设置如图 1.69 所示。

步骤04：单击 Bevel（倒角）按钮，即可得到如图 1.70 所示的效果。

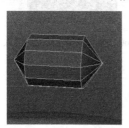  

图 1.68　选择的环形边　　　图 1.69　（倒角选项）对话框参　　　图 1.70　倒角之后的效果
　　　　　　　　　　　　　　　　数设置

步骤05：单选闹锤，在菜单栏中单击 Mesh（网格）→Smooth（平滑）命令即可得到如图 1.71 所示。

步骤06：在视图中创建一个圆柱体，调节好位置如图 1.72 所示。

步骤07：进入圆柱体的 Face（面）编辑模式，选择环形面如图 1.73 所示。

图 1.71　平滑之后的效果　　　图 1.72　创建的圆柱效果　　　图 1.73　选择的环形面

[步骤08]: 在菜单栏中单击 Edit Mesh（编辑网格）→Extrude（挤出）命令，进行挤出操作，如图 1.74 所示。

[步骤09]: 选择挤出面下面的环形边进行适当缩放操作。如图 1.75 所示。

[步骤10]: 选择如图 1.76 所示的两条环形边。进行 Bevel（倒角）操作。最终效果如图 1.77 所示。

[步骤11]: 在菜单栏中单击 Mesh（网格）→Smooth（平滑）命令，效果如图 1.78 所示。

图 1.74　挤出之后的效果

图 1.75　缩放之后的效果

图 1.76　选择的两条环形边

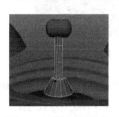
图 1.77　添加倒角之后的效果

图 1.78　平滑之后的效果

[视频播放] 具体操作步骤，请观看配套视频"任务二：制作闹钟的闹铃、提手以及其他装饰部分.wmv"。

任务三：制作闹钟的指针、玻璃盖和数字

1. 制作闹钟的指针

闹钟的指针主要包括时针、分针和秒针。具体制作方法如下。

1）时针的制作

[步骤01]: 在视图中创建一个圆柱体，大小和位置如图 1.79 所示。

[步骤02]: 选择如图 1.80 所示的面，在菜单栏中单击 Edit Mesh（编辑网格）→Extrude（挤出）命令，进行挤出操作，如图 1.81 所示。

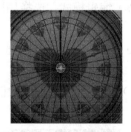
图 1.79　创建的圆柱体

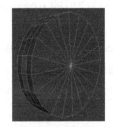
图 1.80　选择的需要挤出的面

图 1.81　挤出之后的效果

[步骤03]: 插入环形边。在菜单栏中单击 Mesh Tool（网格工具）→Insert Edge Loop Tool（插入环形边工具）命令，在需要插入环形的位置处单击即可插入环形边，如图 1.82 所示。

2）分针的制作

分针的制作方法与时针的制作方法一样，请读者参考时针的制作方法，最终效果如图 1.83 所示。

3）制作秒针

【步骤01】：创建两个 Cylinder（圆柱体），并选中如图 1.84 所示。

图 1.82　插入的环形边

图 1.83　制作的分针效果

图 1.84　创建的圆柱效果

【步骤02】：在菜单栏中单击 Mesh（网格）→Booleans（布尔）→Difference（差集）命令即可得到如图 1.85 所示的效果。

【步骤03】：方法同时针的制作方法。选择面进行挤出和添加环形边，调节好位置，最终效果如图 1.86 所示。

【步骤04】：制作闹钟指针的固定螺丝，在这里创建一个球体即可，如图 1.87 所示。

图 1.85　进行布尔之后的效果

图 1.86　最终的秒针效果

图 1.87　闹钟的固定螺丝

2. 制作闹钟的玻璃盖

【步骤01】：选择闹钟模型，进入闹钟模型的 Isoparms（等参线）编辑模式，选择如图 1.88 所示。

【步骤02】：在菜单栏中单击 Curves（曲线）→Duplicte Surface Curves（复制曲面曲线）命令，即可复制出如图 1.89 所示的曲线。

【步骤03】：在菜单栏中单击 Surfaces（曲面）→Planar（平面）命令。即可得到如图 1.90 所示的平面。

图 1.88　选择的等参线

图 1.89　复制的曲线

图 1.90　使用平面命令得到的平面

【步骤04】：删除历史记录。进入平面的 Control Vertex（控制点）编辑模式，选择平面中间的 4 个顶点，稍微往外拉升一点，使平面往外凸一点，如图 1.91 所示。

【步骤05】：为了观察，给平面添加一个材质，设置为半透明材质，如图 1.92 所示。

【步骤06】：给闹钟主体模型添加一个材质，颜色设置为红色，如图 1.93 所示。

图 1.91　调节控制点之后的效果　　图 1.92　添加半透明之后的效果　　图 1.93　添加红色材质之后的效果

3．制作闹钟数字

【步骤01】：在菜单栏中单击 Create（创建）→Type（类型）命令，弹出 Type1（类型 1）面板，具体设置如图 1.94 所示。

【步骤02】：单击 Create （创建）按钮，即可得到如图 1.95 所示的倒角文字。

【提示】：当创建的文字效果厚度比较大或小的时候，读者可以通过缩放工具进行缩放操作。

【步骤03】：在菜单栏中单击 Mesh（网格）→Separate（分离）命令，将文字进行分离。

【步骤04】：根据参考图，调节文字的大小和位置，最终效果如图 1.96 所示。

图 1.94　类型 1 参数面板设置

【步骤05】：给闹钟模型添加材质，最终效果如图 1.97 所示。

图 1.95　创建的文字效果　　　图 1.96　调节好位置的文字效果　　　图 1.97　最终闹钟效果

【视频播放】：具体操作步骤，请观看配套视频"任务三：制作闹钟的指针、玻璃盖和数字.wmv"。

七、拓展训练

根据案例 2 所学知识，选择下图任意一个参考图制作闹钟模型。

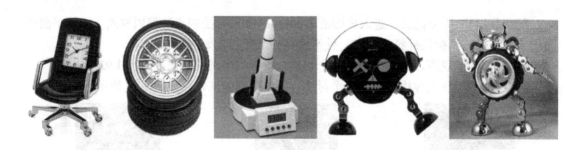

案例 3：鼠标模型的制作

一、案例内容简介

根据案例要求收集有关鼠标参考图，对收集的参考图进行结构分析和研究，了解鼠标的结构造型，再根据鼠标的顶视图、侧视图和背视图，使用 Create（创建）和 Surfaces（曲面）等相关命令制作鼠标模型，最后将 Surfaces（曲面）模型转换为 Polygons（多边形）模型。

二、案例效果欣赏

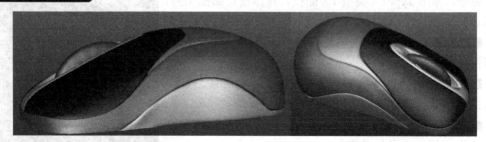

三、案例制作流程（步骤）及技巧分析

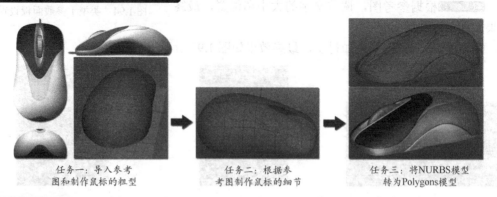

任务一：导入参考图和制作鼠标的粗型　　　任务二：根据参考图制作鼠标的细节　　　任务三：将NURBS模型转为Polygons模型

四、制作目的

通过制作鼠标模型，使读者深入理解使用 Surfaces（曲面）技术制作工业模型的原理、方法以及技巧。

五、制作过程中需要解决的问题

（1）工业模型制作的原理、方法以及技巧；

（2）鼠标模型的结构；

（3）Surfaces（曲面）技术中相关命令的灵活使用；

（3）Surfaces（曲面）模型转 Polygons（多边形）模型的原理以及相关的参数设置。

六、详细操作步骤

在本案例中主要介绍使用 NURBS 建模技术来制作鼠标模型。通过该案例的学习，使读者熟悉 NURBS 建模技术的基本流程、Project Curve On Surface（投射曲线到曲面）、Trim Tool（修建工具）和 NURBS to Polygons（NURBS 转为多边形）命令作用以及使用方法。

任务一：导入参考图和制作鼠标的粗型

1. 导入参考图

根据前面所学知识，启动 Maya 2017。分别在 Top（顶视图）、Front（前视图）和 Side（侧视图）中导入如图 1.98 所示的参考图。

shubiao_top　　　　　shubiao_side　　　　　shubiao_back

图 1.98　制作鼠标的参考图

2. 制作鼠标的粗型

【步骤01】：在菜单栏中单击 Create（创建）→NURBS Primitives Sphere（NURBS 基本几何体）→Sphere（球体）命令。在 Top（顶视图）中创建一个球体。

【步骤02】：使用移动工具和缩放工具对创建的球体进行适当地调整。效果如图 1.99 所示。

【提示】：在调节 Sphere（球体）的时候，要将 Sphere（球体）接缝放置在低下，不容易观看的地方。

【步骤03】：删除 Sphere（球体）的下半部分，进入 Sphere（球体）的 Isoparm（等参线）编辑模式，选择如图 1.100 所示的等参线。

【步骤04】：在菜单栏中单击 Surfaces（曲面）→Detach（分离）命令，即可将 Sphere（球体）分离成两部分。按 Delete（删除）键将分离出的下半部分删除，如图 1.101 所示。

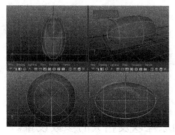

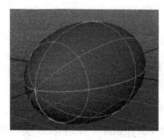

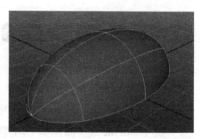

图 1.99　绘制曲面球体　　　　图 1.100　选择的等参线　　　　图 1.101　删除一半之后的效果

步骤05：添加等参线，进入模型的 Isoparm（等参线）编辑模式，在关键处插入如图 1.102 所示的 Isoparm（等参线）。在菜单栏中单击 Surfaces（曲面）→Insert Isoparm（插入等参线）命令即可。

步骤06：进入模型的 Hull（壳）编辑模式，在 Top（顶视图）中对 Hull（壳）线进行缩放调节。最终效果如图 1.103 所示。

步骤07：进入模型的 Control Vertex（控制点）编辑模式。对模型的控制点进行调节，最终效果如图 1.104 所示。

步骤08：进入模型的 Isoparm（等参线）编辑模式，选择如图 1.105 所示的 Isoparm（等参线）。

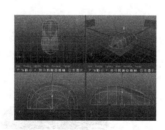

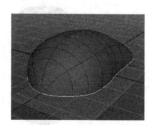

图 1.102　添加的等　　图 1.103　壳编辑　　图 1.104　调节控制点之后的　　图 1.105　选择的等参线
　　　　　参线　　　　　　　　模式的效果　　　　　　　效果

步骤09：在菜单栏中单击 Curves（曲线）→Duplicate Surface Curves（复制曲面曲线）命令即可复制出曲线。

步骤10：确保复制出来的曲线被选中。在菜单栏中单击 Surfaces（曲面）→Planar（平面）命令，即可为复制出来的曲线创建一个平面，如图 1.106 所示。

视频播放具体操作步骤，请观看配套视频"任务一：导入参考图和制作鼠标的粗型.wmv"。

任务二：根据参考图制作鼠标的细节

鼠标的细节主要通过绘制曲线和投射来实现。根据参考图结构分析可知，鼠标的结构是对称的，只要制作一半，另一半对称复制即可。具体操作方法如下。

步骤01：根据前面所学知识，删除鼠标的一半，如图 1.107 所示。

步骤02：绘制投射曲线。在菜单栏中单击 Create（创建）→Curve Tools（曲线工具）→CV Curve Tool（CV 曲线工具）命令，在 Side（侧视图）中绘制如图 1.108 所示的曲线。

图 1.106　使用 Planar（平面）　　图 1.107　删除一半的效果　　图 1.108　在侧视图中绘制的曲线
　　　　　命令创建的平面

【步骤03】： 在 Side（侧视图）中选择模型和绘制的曲线。在菜单栏中单击 Surfaces（曲面）→Project Curve On Surface（投射曲线到曲面）命令，即可得到如图 1.109 所示的模型。

【步骤04】： 选择模型将模型复制一个。在 Layers（图层）面板中单击■（创建图层并将对象添加到图层）命令，即可将复制的对象添加到创建的图层中。暂时将复制的图层隐藏。

【步骤05】： 单选没有隐藏的模型。在菜单栏中单击 Surfaces（曲面）→Trim Tool（修剪工具）命令，在视图单选需要保留的部分，如图 1.110 所示。按 Enter（回车）键即可得到如图 1.111 所示的效果。

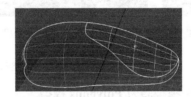

图 1.109　投射得到的曲线　　　　图 1.110　添加 Trim Tool（修剪工　　图 1.111　修剪之后的效果
　　　　　　　　　　　　　　　　　　　　具）命令之后的效果

【步骤06】： 将隐藏的模型显示出来。方法同上，对模型进行 Trim Tool（修剪工具）操作，得到另一部分，如图 1.112 所示。

【步骤07】： 在 Side（侧视图）中绘制如图 1.113 所示的曲线。使用前面介绍的方法，使用曲线和模型进行投射，再进行修剪操作，效果如图 1.114 所示。

图 1.112　修剪得到的效果　　　　图 1.113　绘制的曲线　　　　　图 1.114　投射得到的曲线

【步骤08】： 根据参考图，在 Side（侧视图）中绘制如图 1.115 所示的曲线，在 Front（前视图）中绘制如图 1.116 所示的曲线。

【步骤09】： 分别在 Side（侧视图）和 Front（前视图）中进行投射，即可得到如图 1.117 所示投射曲线。

【步骤10】： 使用 Trim Tool（修剪工具）命令，对模型进行修剪操作，最终效果如图 1.118 所示。

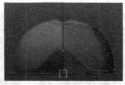

图 1.115　Side（侧视图）中中
绘制的曲线

图 1.116　Front（前视
图）中绘制的曲线按

图 1.117　投射得到的曲线

【步骤11】：方法同上，根据参考图，绘制曲线，进行投射和修剪制作出鼠标滚轮处的造型，如图 1.119 所示。

【步骤12】：选中所有模型，按键盘上的"Ctrl+D"组合键，复制一份，在 Channels（通道盒）中设置 Scale X 的参数设置为负数，效果如图 1.120 所示。

图 1.118　修剪之后的效果

图 1.119　投射得到的效果

图 1.120　最终鼠标壳效果

【视频插放】具体操作步骤，请观看配套视频"任务二：根据参考图制作鼠标的细节.wmv"。

任务三：将 NURBS 模型转为 Polygons 模型

在一般情况下，使用 NURBS 技术制作的模型都要转换为 Polygons（多边形）模型，再进行适当调节以便适合动画制作的需求。在该任务中，详细介绍 NURBS 模型转换为 Polygons（多边形）模型的流程和基本方法。

【步骤01】：在视图中选择需要转换的 NURBS 模型。

【步骤02】：在菜单栏中单击 Modify（修改）→Convert（转换）→NURBS to Polygons（NURBS 转换为多边形）→■图标。弹出 NURBS to Polygons Options（NURBS 转换为多边形选项）对话框，具体设置如图 1.121 所示。单击 Tessellate（转换）按钮即可得到如图 1.122 所示的效果。

【步骤03】：在视图中选择如图 1.123 所示的两个对象。在菜单栏中单击 Mesh（网格）→Combine（合并）命令，即可将选择的对象合并为一个对象。

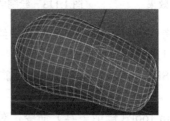

图 1.121　"NURBS 转换为多边形选项"参数设置

图 1.122　转换之后的效果

图 1.123　选择的对象

【步骤04】：进入对象的 Vertex（点）编辑模式，选择需要融合的顶点，如图 1.124 所示。

【步骤05】：在菜单栏中单击 Edit Mesh（编辑网格）→Merge（缝合）命令，即可将选择的两个 Vertex（点）融合成一个顶点。

【步骤06】：方法同上，将其他需要融合的顶点融合。最终效果如图 1.25 所示。

【步骤07】：删除多余的边。进入选择模型的 Edge（边）编辑模式，在视图中选择如图 1.25 所示边。在菜单栏中单击 Edit Mesh（编辑网格）→Delete Edge/Vertex（删除边/顶点）命令，即可将选择边和边上的顶点删除。最终效果如图 1.126 所示。

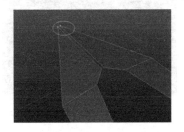

图 1.124　选择需要融合的两个点　　　图 1.125　融合之后的效果　　　图 1.126　删除多余的边和
　　　　　　　　　　　　　　　　　　　　　　　　　　　　　　　　　　　　　　点之后的效果

【步骤08】：方法同上，将多余的 Edge（边）和 Vertex（点）删除。最终效果如图 1.127 所示。

【步骤09】：方法同上，依次将其他需要合并的对象进行合并，融合顶点，删除多余的顶点和边。最终效果如图 1.128 所示。

【步骤10】：选择如图 1.129 所示的边。在菜单栏中单击 Edit Mesh（编辑网格）→Extrude（挤出）命令，对选择的面进行挤出，如图 1.130 所示。

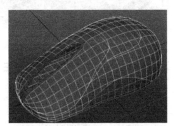

图 1.127　删除边和点的效果　　　图 1.128　最终整理的效果　　　图 1.129　选择需要挤出的边

【步骤11】：再进行一次操作。根据鼠标参考图进行调节，最终效果如图 1.131 所示。

【步骤12】：方法同上，继续对其他需要进行边挤出的进行挤出和调节，最终效果如图 1.132 所示。按键盘上的"3"键，效果如图 1.133 所示。

【步骤13】：制作鼠标的滚轮。在 Side（侧视图）中创建一个圆柱体，根据参考图，对创建的圆柱体进行旋转和缩放操作。最终效果如图 1.134 所示。

【步骤14】：根据参考图再对鼠标模型进行适当的布线，赋予适当的材质，最终效果如图 1.135 所示。

图 1.130 挤出面之后的效果

图 1.131 再次挤出的效果

图 1.132 最终整理效果

图 1.133 平滑之后的效果

图 1.134 添加鼠标滚轮之后的效果

图 1.135 添加材质之后的效果

具体操作步骤，请观看配套视频"任务三：将模型 NURBS 模型转为 Polygons 模型.wmv"。

七、拓展训练

根据案例 3 所学知识，选择下图任意一个参考图制作模型效果。

案例 4：小号模型的制作

一、案例内容简介

根据案例要求收集有关小号参考图，对收集的参考图进行结构分析和研究，了解小号的结构造型以及各个组成部件的名称和造型，再根据参考图，使用 Create（创建）和 Surfaces（曲面）等相关命令制作小号模型。

二、案例效果欣赏

三、案例制作流程（步骤）及技巧分析

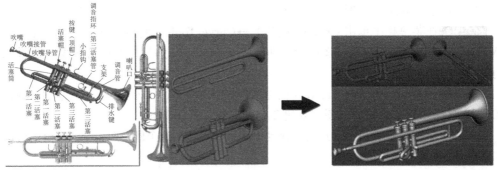

任务一：导入参考图、吹嘴、拉杆和喇叭口　　　　任务二：制作小号的按键和其他配件

四、制作目的

通过小号模型的制作，使读者更深入地了解 Surfaces（曲面）命令建模的灵活运用，了解乐器模型的制作原理、方法以及技巧。

五、制作过程中需要解决的问题

（1）小号的结构以及各个部件的名称和造型。

（2）小号模型制作的原理、方法以及技巧。

（3）小号各部件之间的衔接处理。

六、详细操作步骤

在本项目中主要介绍使用 Surfaces（曲面）建模技术来制作小号模型。通过该案例的学习，使读者熟练掌握 NURBS 相关命令的综合应用。

任务一：导入参考图、吹嘴、拉杆和喇叭口

1. 导入参考图

根据前面所学知识，启动 Maya 2017。分别在 Side（侧视图）中导入如图 1.336 所示参考图的中间图片作为参考图。

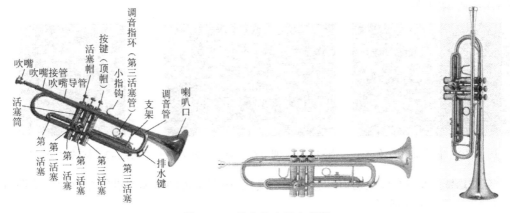

图 1.136　收集的小号参考图

2. 制作小号的吹嘴、拉杆和喇叭口

1）制作小号的拉杆和喇叭口

【步骤01】：在菜单栏中单击 Create（创建）→Curve Tools（曲线工具）→CV Curve Tool（CV 曲线工具）命令，在侧视图中绘制两条 CV 曲线，作为拉杆的挤出曲线，如图 1.137 所示。

【步骤02】：在菜单栏中单击 Create（创建）→NURBS Primitives（NURBS 基本几何体）→Cirle（圆形）命令，在前视图中创建 2 个圆形作为挤出截面。

【步骤03】：对制作喇叭口的曲线进行适当旋转。调节好 2 个圆形与绘制曲线的位置，如图 1.138 所示。

【步骤04】：单选曲线和圆形，在菜单栏中单击 Surfaces（曲面）→Extrude（挤出）命令，即可得到如图 1.139 所示的曲面模型。

图 1.137　绘制的曲线　　　　图 1.138　创建的两个圆　　　　图 1.139　沿曲线挤出的效果

【步骤05】：方法同上，继续对另一条曲线和圆形进行挤出。最终效果如图 1.140 所示。

【步骤06】：在 Persp（透视图）中选中所有对象，在菜单栏中单击 Edit（编辑）→Delete All by Type（按类型全部删除）→History（历史记录）命令，删除历史记录操作。

【步骤07】：进入曲面模型的 Control Vertex（控制点）编辑模式，根据参考图，对 Control Vertex（控制点）进行缩放操作。效果如图 1.141 所示。

【步骤08】：进入曲面模型的 Isoparm（等参线）编辑模式，拖拽出如图 1.142 所示的参考线。在菜单栏中单击 Surfaces（曲面）→Insert Isoparms（插入等参线）命令，即可得到如图 1.143 所示的效果。

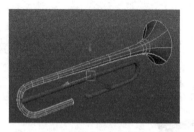
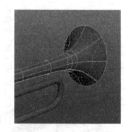

图 1.140　继续挤出的效果　　　图 1.141　调节控制点之后的效果　　　图 1.142　拖拽出来的参考线

【步骤09】：进入曲面模型的 Hull（壳）编辑模式，根据参考图对模型进行缩放和位置调节，最终效果如图 1.144 所示。

图 1.143　插入参考线之后的效果

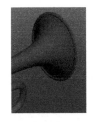

图 1.144　调节之后的效果

2）制作小号的吹嘴模型

小号吹嘴模型制作的原理是通过曲线进行旋转操作来完成的。具体操作步骤如下。

【步骤01】：在菜单栏中单击 Create（创建）→Curve Tools（曲线工具）→CV Curve Tool（CV 曲线工具）命令，在侧视图中绘制 1 条 CV 曲线，如图 1.145 所示。

【步骤02】：调节曲线的枢轴点。按住键盘上的"D"键，将曲线的枢轴点移到如图 1.146 所示的位置。

【步骤03】：在菜单栏中单击 Surfaces（曲面）→Revolve（旋转）命令即可得到如图 1.147 所示的效果。

【提示】：在进行 Revolve（旋转）操作时，要沿 Z 轴进行旋转操作。

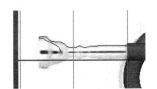

图 1.145　绘制的曲线

图 1.146　枢轴点的位置

图 1.147　添加 Revolve（旋转）
命令之后的效果

【视频播放】具体操作步骤，请观看配套视频"任务一：导入参考图、小号大型.wmv"。

任务二：制作小号的按键和其他配件

1. 制作小号的按键

小号按键的制作非常简单，主要通过曲线的旋转操作得到。具体操作步骤如下。

【步骤01】：根据参考图，在 Side（侧视图）中绘制如图 1.148 所示的曲线。

【步骤02】：在菜单栏中单击 Surfaces（曲面）→Revolve（旋转）命令，沿 Y 轴进行旋转，即可得到如图 1.149 所示的效果。

【步骤03】：选择小号的按键，按键盘上的"Ctrl+D"组合键，复制两个，再对小号按键进行适当旋转和位置调节，最终效果如图 1.150 所示。

2. 小号其他配件的制作

小号其他配件的制作方法同上一样，在这里就不再详细介绍。读者可以参考上面的制作方法或观看配套视频进行制作，最终效果如图 1.151 所示。

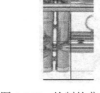

图 1.148　绘制的曲线　　　图 1.149　添加 Revolve（旋转）　　　图 1.150　复制和调节位置
命令之后的效果　　　　　　　之后的效果

给小号添加一个 Blinn（布林）材质，基本颜色为黄色。效果如图 1.152 所示。

图 1.151　添加其他配件之后的效果　　　　　　　图 1.152　添加材质之后的效果

具体操作步骤，请观看配套视频"**任务二：制作小号的按键和其他配件.wmv**"。

七、拓展训练

根据案例 4 所学知识，选择下图任意一个参考图制作模型效果。

案例 5：吉他模型的制作

一、案例内容简介

　　根据案例要求收集有关吉他参考图，对收集的参考图进行结构分析和研究，了解吉他的结构造型以及各个组成部件的名称和造型，再根据参考图，使用 Create（创建）和 Surfaces（曲面）等相关命令制作吉他模型。

二、案例效果欣赏

三、案例制作流程（步骤）及技巧分析

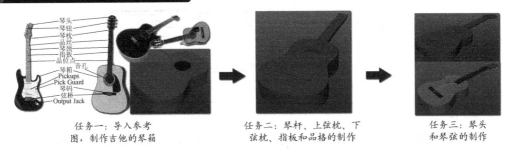

任务一：导入参考　　　　任务二：琴杆、上弦枕、下　　　　任务三：琴头
图，制作吉他的琴箱　　　　弦枕、指板和品格的制作　　　　和琴弦的制作

四、制作目的

使用 Surfaces（曲面）建模命令制作吉他模型，熟练掌握 Surfaces（曲面）建模命令的
灵活使用。

五、制作过程中需要解决的问题

（1）吉他的结构和各部件的名称；

（2）吉他模型制作的原理、方法以及技巧；

（3）Surfaces（曲面）建模命令的作用以及使用方法。

六、详细操作步骤

在本案例中主要介绍使用 Surfaces（曲面）建模技术来制作吉他模型。通过该案例的
学习，使读者熟练掌握 Surfaces（曲面）建模相关命令的作用以及灵活应用。

任务一：导入参考图，制作吉他的琴箱

1. 导入参考图

根据项目要求，收集与吉他有关的参考资料，了解吉他的结构。如图 1.153 所示，吉
他参考图片。

图 1.153　收集的素材

根据前面所学知识，在 Top（顶视图）和 Side（侧视图）分别导入如图 1.154 所示的
图片。

图 1.154 顶视图和侧视图

2. 制作吉他的琴箱

吉他琴箱的制作方法是通过 CV 曲线放样原理来制作，具体制作方法如下。

【步骤01】：在菜单栏中单击 Create（创建）→Curve Tools（曲线工具）→CV Curve Tool（CV 曲线工具）命令，在 Top（顶视图）中绘制如图 1.155 所示的曲线。

【步骤02】：按键盘上的"Ctrl+D"组合键复制该曲线，在右边的 Channels（通道盒）中将 Scale X 的数值设置为"-1"，即可得到如图 1.156 所示的曲线。

【步骤03】：选择两条曲线，在菜单栏中单击 Curves（曲线）→Attach Curves（结合曲线）→ 图标，弹出 Attach Curves Options（结合曲线选项）对话框，具体设置如图 1.157 所示，单击 Attach （结合）按钮即可将两条曲线结合成一条开放的曲线。

图 1.155 绘制的曲线   图 1.156 复制的曲线   图 1.157 "结合曲线选项"对话框

【步骤04】：确保开放曲线被选中，在菜单栏中单击 Edit Curves（编辑曲线）→Open/Close（开放/闭合）→ 图标，弹出 Open/Close Curves Options（打开/闭合曲线选项）对话框，具体设置如图 1.158 所示。单击 Open/Close （打开/关闭）按钮即可。

【步骤05】：删除历史记录。再复制一条曲线，调节好位置，进入琴箱底面曲线的 Control Vertex（控制点）编辑模式，在 Side（侧视图）中调节控制点与参考图匹配。如图 1.159 所示。

【步骤06】：选择两条闭合曲线，在菜单栏中单击 Surfaces（曲面）→Loft（放样）命令即可得到如图 1.160 所示的放样曲面。

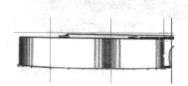

图 1.158 "打开/闭合曲线选项"   图 1.159 调节控制点之后的效果   图 1.160 放样之后的效果
          对话框参数设置

【步骤07】单选放样曲面，在菜单栏中单击 Modify（修改）→Convert（转换）→NURBS to Polygons（NURBS 转换为多边形）→■图标。弹出 NURBS to Polygons Options（NURBS 转换为多边形选项）对话框，具体设置如图 1.161 所示。单击 Tessellate （转换）按钮即可得到如图 1.162 所示的效果。

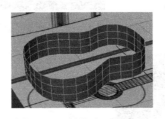

图 1.161　"NURBS 转换为多边形"　　图 1.162　转换之后的效果　　图 1.163　选择边
　　　　　对话框参数设置

【步骤08】选择琴箱上面的边界线，如图 1.163 所示。在菜单栏中单击 Mesh（网格）→Fill Hole（补洞）命令，即可得到如图 1.164 所示的效果。

【步骤09】方法同上，选择琴箱下面的边界线。在菜单栏中单击 Mesh（网格）→Fill Hole（补洞）命令即可将下面的边界填补。

【步骤10】进入琴箱的 Face（面）编辑模式，选择填补的面，在菜单栏中单击 Edit Mesh（编辑网格）→Extrude（挤出）命令即可对选择面进行挤出操作，对挤出的面进行缩放操作，如图 1.165 所示。

【步骤11】方法同上，选择琴箱中间的面进行 Extrude（挤出）操作，再适当地往下移动，最终效果如图 1.166 所示。

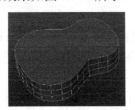

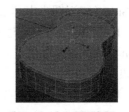

图 1.164　进行补洞之后的效果　　图 1.165　挤出并缩放之后的效果　　图 1.166　再次挤出和缩放

【步骤12】在菜单栏中单击 Mesh Tools（网格工具）→Multi-Cut（多切割工具）命令，给琴箱进行加线操作。最终效果如图 1.167 所示。

【步骤13】创建一个圆柱体，如图 1.168 所示。

【步骤14】在视图中单选琴箱，再加选圆柱体。在菜单栏中单击 Mesh（网格）→Booleans（布尔）→Difference（差集）命令，即可得到如图 1.169 所示的效果。

【步骤15】对琴箱重新布线，再对琴箱中间的边界边进行挤出操作。最终效果如图 1.170 所示。

【步骤16】按键盘上的"3"键，观看光滑之后的效果如图 1.171 所示。

　　　　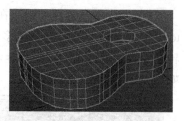

图 1.167　添加布线之后的效果　　　图 1.168　创建的圆柱体　　　图 1.169　布尔操作之后的效果

　　　　　　　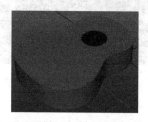

图 1.170　挤出之后的效果　　　　　　　图 1.171　光滑之后的效果

　　■视频播前■具体操作步骤，请观看配套视频"任务一：导入参考图，制作吉他的琴箱.wmv"

　　■任务二：琴杆、上弦枕、下弦枕、指板和品格的制作

　1. 制作琴杆模型

　　琴杆模型主要通过一个立方体，通过加边和调点来完成，具体操作步骤如下。

　　■【步骤01】■在菜单栏中单击 Create（创建）→Polygon Primitives（多边形基本几何体）→
Cube（立方体）命令，在 Top（顶视图）中创建一个立方体，根据参考图在 Top（顶视图）
和 Side（侧视图）中调节好位置和大小，如图 1.172 所示。

　　■【步骤02】■插入循环边和调点。在菜单栏中单击 Mesh Tools（网格工具）→Insert Edge Loop
Tool（插入环形边工具）命令，根据参考图的结构插入环形边并调节顶点的位置，最终效
果如图 1.173 所示。

　　■【步骤03】■按键盘上的"3"键，观看平滑之后的效果，如图 1.174 所示。

图 1.172　创建的立方体　　　图 1.173　插入循环边之后的效果　　　图 1.174　光滑之后的效果

　2. 制作吉他的指板模型

　　指板模型的制作比琴杆模型更简单，也是创建立方体，通过调节来制作。具体操作步
骤如下。

　　■【步骤01】■在菜单栏中单击 Create（创建）→Polygon Primitives（多边形基本几何体）→

Cube（立方体）命令，在 Top（顶视图）中创建一个立方体，根据参考图在 Top（顶视图）和 Side（侧视图）中调节好位置和大小，如图 1.175 所示。

【步骤02】插入环形边和调点。在菜单栏中单击 Edit Mesh（编辑网格）→Insert Edge Loop Tool（插入环形边工具）命令，根据参考图的结构插入环形边并调节顶点的位置，最终效果如图 1.176 所示。

3. 品格的制作

品格的制作是在指板的基础上加边和挤出来制作。

【步骤01】添加边。在菜单栏中单击 Mesh Tools（网格工具）→Insert Edge Loop Tool（插入环形边工具）命令，根据参考图的结构插入环形边，如图 1.177 所示。

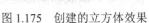

图 1.175　创建的立方体效果　　图 1.176　调节点之后的效果　　图 1.177　插入环形边之后的效果

【步骤02】在视图中选择如图 1.178 所示的面。在菜单栏中单击 Edit Mesh→Extrude（挤出）命令，使用移动工具将 Extrude（挤出）的面往上移动一点位置，Extrude（挤出）一次，往上移动一点位置，再 Extrude（挤出）一次，即可得到如图 1.179 所示的效果。

4. 上弦枕的制作

上弦枕的制作与品格制作的方法完全相同，也是在琴杆的基础上进行挤出。在这里就不再介绍。最终效果如图 1.180 所示。

图 1.178　选择的面　　　　图 1.179　挤出之后的效果　　　　图 1.180　上弦枕的挤出效果

5. 下弦枕的制作

下弦枕的制作方法是创建立方体，根据参考图，加边调节，选择面进行挤出即可。

【步骤01】在菜单栏中单击 Create（创建）→Polygon Primitives（多边形基本几何体）→Cube（立方体）命令，在 Top（顶视图）中创建一个立方体，根据参考图在 Top（顶视图）和 Side（侧视图）中调节好位置和大小，如图 1.181 所示。

【步骤02】插入环形边和调点。在菜单栏中单击 Mesh Tools（网格工具）→Insert Edge Loop Tool（插入环形边工具）命令，根据参考图的结构插入环形边并调节顶点的位置。最终效

果如图 1.182 所示。

【步骤03】：根据参考图，选择面进行挤出操作。最终效果如图 1.183 所示。

图 1.181　创建的立方体　　　　图 1.182　插入环形边的效果　　　　图 1.183　挤出之后的效果

视频播放具体操作步骤，请观看配套视频"任务二：琴杆、上弦枕、下弦枕、指板和品格的制作.flv"

任务三：琴头和琴弦的制作

琴头主要包括琴头基础部分和琴头弦钮两部分组成。制作方法主要是在立方体的基础上进行加边、调点、挤出和融合来制作。琴弦的制作方法主要是使用 CV 曲线和圆形进行挤出操作来制作。

1. 制作琴头基础造型

【步骤01】：在菜单栏中单击 Create（创建）→Polygon Primitives（多边形基本几何体）→Cube（立方体）命令，在 Top（顶视图）中创建一个立方体，根据参考图在 Top（顶视图）和 Side（侧视图）中调节好位置和大小，如图 1.184 所示。

【步骤02】：插入环形边和调点。在菜单栏中单击 Mesh Tools（网格工具）→Insert Edge Loop Tool（插入环形边工具）命令，根据参考图的结构插入环形边并调节顶点的位置。最终效果如图 1.185 所示。

【步骤03】：进入琴头模型的 Face（面）编辑模式。删除不需要的面，如图 1.186 所示。

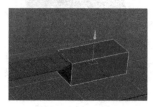

图 1.184　创建的立方体　　　　图 1.185　插入环形边并调节点之　　　图 1.186　删除面之后的效果
　　　　　　　　　　　　　　　　　　　　　后的效果

【步骤04】：选择删除面的边界边。在菜单栏中单击 Edit Mesh→Extrude（挤出）命令，对边界边进行 Extrude（挤出）操作，如图 1.187 所示。

【步骤05】：进入琴头的 Vertex（点）编辑模式。对琴头底部的顶点进行合并。

【步骤06】：添加边，细化琴头结构。最终效果如图 1.188 所示。

【步骤07】：根据参考图，调节琴头的位置，最终效果如图 1.189 所示。

图 1.187　挤出之后的效果

图 1.188　细化处理之后的效果

图 1.189　最终效果

2. 琴头弦钮的制作

【步骤01】：在菜单栏中单击 Create（创建）→Polygon Primitives（多边形基本几何体）→ Cube（立方体）命令，创建一个立方体，如图 1.190 所示。

【步骤02】：进入 Vertex（立方体）的顶点编辑模式，对 Vertex（立方体）顶点进行调节，如图 1.191 所示。

【步骤03】：进入立方体的 Face（面）编辑模式，选择 Face（面）进行挤出操作。最终效果如图 1.192 所示。

图 1.190　创建的立方体

图 1.191　调节顶点之后的效果

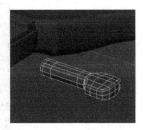

图 1.192　挤出之后的效果

【步骤04】：将制作好的弦琴按钮复制 5 个，调节好位置，最终效果如图 1.193 所示。

3. 琴弦线的制作

【步骤01】：在菜单栏中单击 Create（创建）→Curve Tools（曲线工具）→CV Curve Tool（CV 曲线工具）命令。根据参考图，在视图中创建如图 1.194 所示的曲线。

【步骤02】：在菜单栏中单击 Create（创建）→NURBS Primitives（NURBS 基本几何体）→Circle（圆形）命令，在 Top（顶视图）中绘制 6 个圆形，如图 1.195 所示。

图 1.193　复制并调节位置之后的效果

图 1.194　绘制的曲线

图 1.195　绘制的 6 个圆形

[步骤03]：选择创建的圆形和 CV 曲线，进行 Extrude（挤出）操作，结果如图 1.196 所示。

[步骤04]：方法同上，依次对剩下的圆形和 CV 曲线进行 Extrude（挤出）操作。最终结果如图 1.197 所示。

[步骤05]：对琴弦赋予简单的材质，方便后续材质表现操作。效果如图 1.198 所示。

图 1.196　挤出效果　　　图 1.197　依次挤出的效果　　　图 1.198　添加材质之后的效果

[视频播放]具体操作步骤，请观看配套视频"任务三：琴头和琴弦的制作.wmv"

七、拓展训练

运用案例 5 所学知识，选择下图任意一个参考图制作模型效果。

第 2 章　四足动物模型制作——马

说明：

　　本章主要通过 2 个案例介绍使用 Maya 2017 制作动物模型的基本流程、方法和技巧。马模型的制作主要采用 Surfaces（曲面）建模技术与 Polygons 建模技术相结合的方法。

教学建议课时数：

　　一般情况下需要 14 课时，其中理论 4 课时，实际操作 10 课时（特殊情况可作相应调整）。

本章案例导读及效果预览（部分）

【1】常用曲面建模技术的基本操作　　【2】马模型的大型制作　　【3】了解Polygon建模基本操作　　【4】将NURBS模型转换为Polygon模型

案例简介

　　本章主要介绍使用Maya 2017制作动物模型的基本流程、方法和技巧。马模型的制作主要采用Surfaces（曲面）建模技术与Polygons建模技术相结合的方法。

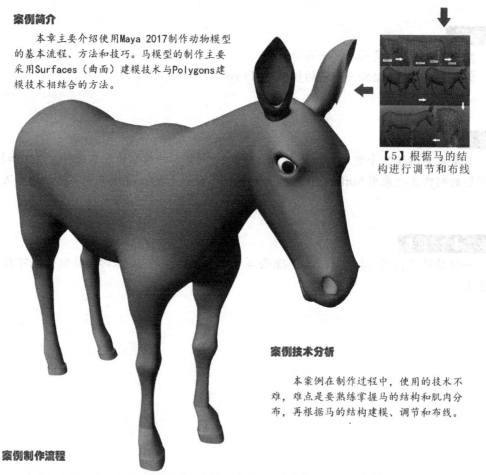

【5】根据马的结构进行调节和布线

案例技术分析

　　本案例在制作过程中，使用的技术不难，难点是要熟练掌握马的结构和肌肉分布，再根据马的结构建模、调节和布线。

案例制作流程

　　本章主要通过2个案例制作马的模型。案例1：制作"四足动物——马"的粗模；案例2：对"四足动物—马"的粗模进行细调

> **案例素材：**本章案例素材和工程文件，位于本书配套光盘中的"Maya 2017jsjm/Chapter02/相应案例的工程文件目录"文件夹。
>
> **视频播放：**本章案例视频教学文件位于配套光盘中的"视频教学"文件夹。

在本章中主要通过 2 个案例全面介绍使用 Maya 2017 制作生物模型的基本流程、方法和技巧。通过本章的学习，要求读者熟练掌握 Surfaces（曲面）建模技术与 Polygons 建模技术相结合来制作生物模型的综合运用能力。

案例 1：制作四足动物——马的粗模

一、案例内容简介

本案例首先介绍 Surfaces（曲面）建模技术基础，其次介绍"四足动物—马"的结构以及布线原理、方法以及技巧，最后使用 Surfaces（曲面）建模技术制作"四足动物—马"的基本大型。

二、案例效果欣赏

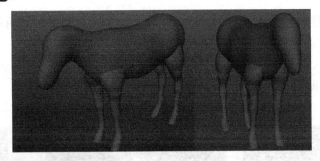

三、案例制作流程（步骤）及技巧分析

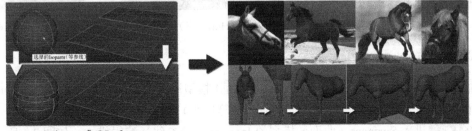

任务一：常用Surfaces
（曲面）建模技术的基本操作

任务二：使用Surfaces（曲面）建模技术制作马的大型

四、制作目的

通过使用 Surfaces（曲面）建模技术制作马的大型，使读者了解 Surfaces（曲面）建模技术基础知识，掌握四足动物——马制作的原理、方法以及布线技巧。

五、制作过程中需要解决的问题

（1）马的骨架结构组成。

（2）各块骨头的名称和位置。

（3）各块肌肉的名称和肌肉分布。

（4）马的制作原理、方法以及布线。

六、详细操作步骤

■任务一：常用 Surfaces（曲面）建模技术的基本操作

1. 了解 NURBS 的编辑模式

在 Surfaces（曲面）建模技术时，需要进入 Surfaces（曲面）模型的编辑模式。urfaces（曲面）模型的编辑模式主要有 Isoparm（等参线）、Object Mode（对象模型）、Hull（壳线）、Surface UV（曲面 UV）、Surface Point（曲面点）、Surface Patch（曲面）和 Control Vertex（控制点）7 种编辑模式。进入这些编辑模式的具体操作方法如下。

【步骤01】：在视图中创建 Surfaces（曲面）模型。

【步骤02】：将鼠标移到 Surfaces（曲面）模型上，按住鼠标右键，弹出快捷菜单，如图 2.1 所示。

【步骤03】：在按住鼠标左键不放的同时，将鼠标移到需要进入的编辑模式的命令上，松开鼠标即可。

【步骤04】：以进入 Hull（壳）编辑模式为例。将鼠标移到 Hull（壳）命令上，如图 2.2 所示。松开鼠标右键即可进入 Hull（壳）编辑模式，如图 2.3 所示。此时，模型被粉红色 Hull（壳）线包围。

　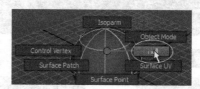　

图 2.1　弹出的快捷菜单　　图 2.2　选择 Hull（壳）编辑模式　　图 2.3　"壳"编辑模式

2. 怎样插入 Isoparm（等参线）

插入 Isoparm（等参线）是对 Surfaces（曲面）模型添加细节的有效途径，也是 Surfaces（曲面）建模技术常用的方法。插入 Isoparm（等参线）的具体操作方法如下。

【步骤01】：进入 Surfaces（曲面）模型的 Isoparm（等参线）编辑模式，如图 2.4 所示。

【步骤02】：将鼠标移到一条 Isoparm（等参线）上，按住鼠标左键不放的同时拖拽一条 Isoparm（等参线）到需要插入 Isoparm（等参线）的位置松开鼠标，此时，在松开鼠标左键的位置出现一条黄色虚线，如图 2.5 所示。

【步骤03】：在菜单栏中单击 Surfaces（曲面）→ Insert Isoparms（插入等参线）命令即可插入一条 Isoparm（等参线）。

【提示】：如果需要同时插入多条 Isoparm（等参线），就进入 Isoparm（等参线）编辑模式。按住 Shift 键不放的同时，拖拽出多条虚线，如图 2.7 所示。在菜单栏中单击（曲面）→（插入等参线）命令即可插入多条 Isoparm（等参线）。

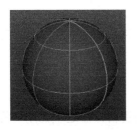

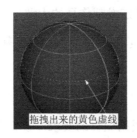

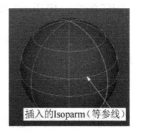

图 2.4　曲面等参线编辑模式　　　图 2.5　等参线插入的位置和插入前效果　　　图 2.6　插入的等参线

3. 分离曲面

分离曲面是指将曲面沿着选定的 Isoparm（等参线）位置将曲面分离成两个曲面，这也是 Surfaces（曲面）建模中常用的一种建模技术。具体操作方法如下。

【步骤01】：进入 Surfaces（曲面）模型的 Isoparm（等参线）编辑模式。选择需要分离曲面的位置，如图 2.8 所示。

【步骤02】：在菜单栏中单击 Surfaces（曲面）→Detach（分离）命令即可，如图 2.9 所示。

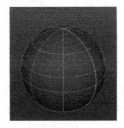

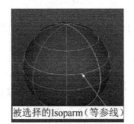

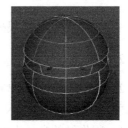

图 2.7　确定需要插入多条等参线的位置　　　图 2.8　选择的曲面分离处的等参线　　　图 2.9　分离之后的效果

4. 附加曲面

附加曲面是指将两个分离的曲面缝合成一个曲面。具体操作方法如下。

【步骤01】：选择两个需要缝合的曲面或缝合位置处的两条 Isoparm（等参线），如图 2.10 所示。

【步骤02】：在菜单栏中单击 Surfaces（曲面）→Attach（附加）命令即可，如图 2.11 所示。

图 2.10　选中的 2 条附加等参线　　　　　　　图 2.11　附加之后的效果

【视频播放】具体操作步骤，请观看配套视频"任务一：常用 Surfaces（曲面）建模技术的的基本操作.wmv"。

📖任务二：使用 NURBS 建模技术制作马的大型

马的大型制作主要是根据参考图，使用 NURBS 基本几何体来塑造。具体制作方法如下。

1. 导入参考图

在制作马的大型之前，首先根据项目的要求，收集有关马的资料，在这里为用户提供了如图 2.12 所示的参考图。

图 2.12

启动 Maya 2017，根据第 1 章所学知识，导入马的参考图。

2. 制作马的大型

马的大型制作，主要通过创建 NURBS 球体和 NURBS 圆柱体，在这些 NURBS 基本几何体的基础上通过调节 NRUBS 基本几何体的控制点和壳线来完成。具体操作方法如下。

1）制作马的身体大型

【步骤01】：创建一个 NURBS 球体。在菜单栏中单击 Create（创建）→NURBS Primitives（NURBS 基本几何体）→Sphere（球体）命令，在视图中创建一个球体。

【步骤02】：分别在 Side（侧视图）和 Top（顶视图）中对球体进行缩放，尽量与参考图匹配，如图 2.13 和 2.14 所示。

【步骤03】：调节形态。根据参考图，适当插入 Isoparm（等参线），分别在模型的 Control Vertex（控制点）和 Hull（壳）编辑模式下对模型进行调节。在 Top（顶视图）、Side（侧视图）和 Persp（透视图）中的效果如图 2.15～图 2.17 所示。

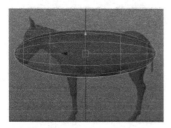  

图 2.13 Side 中效果　　　　图 2.14　Top 中的效果　　　　图 2.15　调节之后的效果

2）制作马腿的大型

【步骤01】:创建一个 NURBS 圆柱体。在菜单栏中单击 Create（创建）→NURBS Primitives（NURBS 基本几何体）→Cylinder（圆柱体）命令，在视图中创建一个圆柱体。如图 2.18 所示。

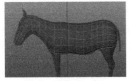

图 2.16　调节之后的效果　　图 2.17　调节之后在透视图中的效果　　图 2.18　创建的圆柱体　　图 2.19　调节之后的布线

【步骤02】:插入 Isoparm（等参线），分别进入模型的 Control Vertex（控制点）和 Hull（壳）编辑模式对模型进行调节。在 Front（前视图）、Side（侧视图）和 Persp（透视图）中的效果如图 2.19～图 2.21 所示。

【步骤03】:方法同上。制作马的后腿，最终效果如图 2.22 所示。

【步骤04】:对制作好的马腿进行复制，调节好位置，如图 2.23 所示。

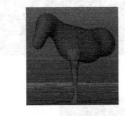
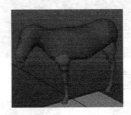

图 2.20 调节之后的布线　　图 2.21　调节好之后透视图中的效果　　图 2.22　马的后腿效果　　图 2.23　马的大型效果

具体操作步骤，请观看配套视频"任务二：使用 NURBS 建模技术制作马的大型.wmv"。

七、拓展训练

运用案例 1 所学知识，根据下面的参考图，使用 NURBS 建模技术制作粗模。

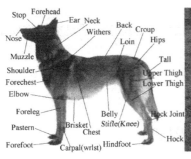

案例 2：对马的粗模进行细调

一、案例内容简介

本案例主要介绍 Polygon 建模技术的基本操作，NURBS 模型与 Polygon 的转换以及根据马的结构对马的粗模进行调节和布线，完成四足动物——马模型制作。

二、案例效果欣赏

三、案例制作流程（步骤）及技巧分析

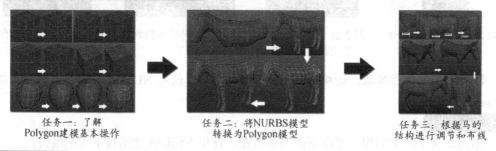

任务一：了解　　　　　任务二：将NURBS模型　　　　　任务三：根据马的
Polygon建模基本操作　　转换为Polygon模型　　　　　结构进行调节和布线

四、制作目的

通过对"四足动物——马"模型进行细调和布线，使读者熟练掌握四足类动物模型细调和布线的原理、方法以及技巧。

五、制作过程中需要解决的问题

（1）Polygon 建模技术的基本操作。

（2）"四足类动物——马"模型的结构和布线原理。

（3）其他四足类动物模型的制作原理、布线方法以及技巧。

六、详细操作步骤

在本项目中主要介绍 Polygon 建模技术的基本操作、NURBS 模型转换为 Polygon（多边形）模型的方法和马的细节表现。

任务一：了解 Polygon 建模基本操作

1. 了解 Polygon 编辑模式

在使用 Polygon 建模时，需要进入 Polygon 模型的编辑模式。Polygon 模型的编辑模式主要有 Object Mode（对象模型）、UV、Multi（多重调节）、Face（面）、Vertex Face（顶点面）、Vertex（顶点）和 Edge（边）7 种编辑模式。进入这些编辑模式的具体操作方法如下。

【步骤01】在视图中创建 Polygon（多边形）模型。

【步骤02】将鼠标移到 Polygon（多边形）模型上，按住鼠标右键，弹出快捷菜单，如图 2.24 所示。

【步骤03】在按住鼠标左键不放的同时，将鼠标移到需要进入的编辑模式的命令上，然后松开鼠标即可。

【步骤04】以进入 Edge（边）编辑模式为例。将鼠标移到 **Edge**（边）命令上，如图 2.25 所示。松开鼠标右键即可进入 Edge（边）编辑模式，被选中的 Edge（边）呈橙黄色显示，如图 2.26 所示。

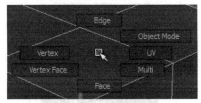

图 2.24　弹出的快捷菜单　　　　图 2.25　选择边的编辑模式　　　图 2.26　选择的边

2. 怎样插入边和环形边

使用 Polygon（多边形）建模，插入边和环形边是最基本的操作，具体操作方法如下。

1）插入边

【步骤01】进入 Polygon（多边形）模型的 Edge（边）编辑模式。

【步骤02】在菜单栏中单击 Mesh Tools（网格工具）→Multi-Cut（多切割）命令，此时鼠标变成▶形状。

【步骤03】在需要添加边的位置单击，确定边的第 1 个点，单击第 2 个点的位置，此时这两个点之间出现一条连接边，如图 2.27 所示。

【步骤04】依次在需要单击的地方单击，最后按键盘上的 Enter（回车键）即可添加边，如图 2.28 所示。

2）插入环形边

【步骤01】在菜单栏中单击 Mesh Tools（编辑网格）→Insert Loop（插入环形边工具）命令，此时鼠标变成▶形状。

【步骤02】在需要插入环形边的位置处单击鼠标，就会出现绿色的环形虚边，如图 2.29 所示。松开鼠标左键即可插入环形边，如图 2.30 所示。

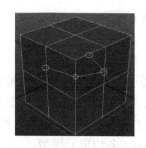
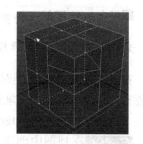

图 2.27　两点之间的切线　　　　图 2.28　切割线之间的边　　　　图 2.29　插入环形边的位置

3. 怎样删除 Edge（边）和 Vertex（顶点）

【步骤01】：进入 Edge（边）和 Vertex（顶点）编辑模式。选择需要删除的顶点或边，如图 2.31 所示。

【步骤02】：在菜单栏中单击 Edit Mesh（编辑网格）→Delete Edge/Vertex（删除边 / 顶点）命令，即可将选择的边或点删除，如图 2.32 所示。

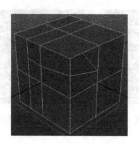
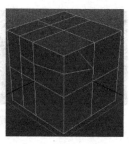
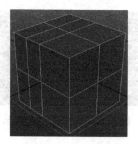

图 2.30　插入环形边之后的效果　　图 2.31　选择的边和顶点　　图 2.32　删除边和顶点之后的效果

4. Edge（边）和 Vertex（顶点）的合并

在 Polygon（多边形）建模中，Edge（边）和 Vertex（顶点）的分离与合并是最频繁的操作。具体操作方法如下。

【步骤01】：进入 Edge（边）或 Vertex（顶点）选择需要进行分离 Edge（边）或 Vertex（顶点），如图 2.33 所示。

【步骤02】：在菜单栏中单击 Edit Mesh（编辑网格）→Merge（合并）命令即可，如图 2.34 所示。

提示：如果需要将选择的几个 Vertex（顶点）融合到选择顶点的中心位置，只要单击 Edit Mesh（编辑网格）→Merge to Center（合并到中心）命令即可。

5. 怎样将其他顶点合并到位置不变的顶点处

在 Polygon（多边形）建模中，为了保证模型的形态不发生改变，经常以控制形态的顶点为基准进行合并。具体操作方法如下。

【步骤01】 进入 Polygon（多边形）模型的 Vertex（顶点）编辑模式。

【步骤02】 在工具栏中单击█命令，鼠标变成█形态。

【步骤03】 将鼠标移到需要合并的 Vertex（顶点）上，按住鼠标左键不放，将鼠标移到目标 Vertex（顶点）上，此时，这两个 Vertex（顶点）之间出现一条红色的虚线，如图 2.35 所示。松开鼠标即可将 Vertex（顶点）缝合到目标 Vertex（顶点）处，如图 2.36 所示。

 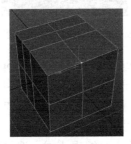 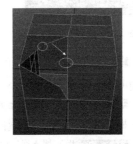

图 2.33　选择需要合并的顶点　　　图 2.34　合并之后的效果　　　图 2.35　合并到顶点位置

【步骤04】 方法同上，将另一个 Vertex（顶点）也缝合到目标 Vertex（顶点）处。缝合之后的效果如图 2.37 所示。

6. 删除 Face（面）和镜像复制

在 Polygon（多边形）建模中，特别是制作对称模型时，镜像复制的使用频率特别高。具体操作如下。

【步骤01】 在视图中创建一个 Polygon（多边形）正方体。

【步骤02】 在菜单栏中单击 Mesh（网格）→Smooth（平滑）命令两次或在工具架中直接单击█（平滑）图标两次，即可得到如图 2.38 所示的效果。

 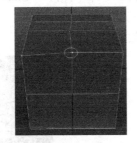 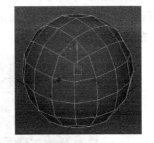

图 2.36　合并之后的效果　　　图 2.37　继续合并之后的效果　　　图 2.38　平滑 2 次之后的效果

【步骤03】 切换到 Animation（动画）模块。在菜单栏中单击 Anim Deform（动画变形器）→Lattice（晶格）命令，在 Channels（通道盒）中设置参数，如图 2.39 所示。

【步骤04】 进入 Lattice（晶格）的 Lattice Point（晶格点）编辑模式，在 Front（前视图）中选择 Lattice（晶格）下面的 4 个点，进行缩放操作。在 Persp（透视图）中将 Lattice（晶格）下面的两个点向上移动，如图 2.40 所示。

【步骤05】 删除历史记录。在 Front（前视图）中进入模型的 Face（面）编辑模式，删除一半，如图 2.41 所示。

图 2.39　晶格参数设置

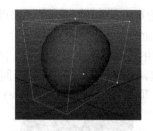

图 2.40　晶格控制点的调节

图 2.41　删除一半之后的效果

【步骤06】: 在菜单栏中单击 Edit（编辑）→Duplicate Special（指定复制）→回图标，弹出【Duplicate Special Options（指定复制选项）】对话框，具体设置如图 2.42 所示。

【步骤07】: 单击 Duplicate Special（指定复制）按钮，即可得到如图 2.43 所示的效果。在编辑模型的一边后，模型的另一边也会接着编辑。

【步骤08】: 进入模型的 Vertex（顶点）编辑模式，选择模型的点，如图 2.44 所示。

图 2.42　"指定复制选项"对话框参数设置

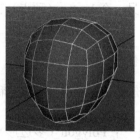

图 2.43　复制之后的效果

图 2.44　选择的顶点

【步骤09】: 在菜单栏中单击 Edit Mesh（编辑网格）→Chamfer Vertices（切角顶点）命令，即可得到如图 2.45 所示的效果。

【步骤10】: 删除面并添加四条边，效果如图 2.46 所示。

图 2.45　切角之后的效果

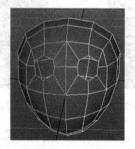

图 2.46　删除面并添加 4 条边之后的效果

提示: 从这个案例可知，在制作对称模型时，使用对称复制方法制作对称模型非常方便和快捷。

视频播放: 具体操作步骤，请观看配套视频"任务一：了解 Polygon 建模基本操作.wmv"。

■任务二：将 NURBS 模型转换为 Polygon 模型

在建模中为了提高建模效率，经常将 Surfaces（曲面）建模技术、Polygon（多边形）建模技术和 Subdivision（细分）建模技术应用到同一个模型中，但要注意，在使用相应的建模技术时，要将模型转换为对应的模型类型。

在本任务中，将案例 1 中的 NURBS 模型转换为 Polygon（多边形）模型。具体操作方法如下。

【步骤01】：打开案例 1 中制作的马模型，如图 2.47 所示。

【步骤02】：选择马的身体模型，在菜单栏中单击 Modify（修改）→Convert（转换）→NURBS to Polygons（NURBS 转换为多边形）→■图标。弹出【NURBS to Polygons　Options（NURBS 转换为多边形选项）】对话框，具体设置如图 2.48 所示。

【步骤03】：单击 Apply（应用）按钮，即可将 NURBS 模型转换为 Polygon（多边形），如图 2.49 所示。

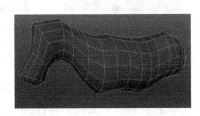

图 2.47　马的粗模　　图 2.48　"NURBS 转换为多边形选项"对话框参数设置　　图 2.49　转换之后的效果

【步骤04】：方法同上，将马腿也转换为 Polygon（多边形）模型，转换之后的效果如图 2.50 所示。

【步骤05】：选择马的身体模型和马的后腿模型，在菜单栏中单击 Mesh（网格）→Booleans（布尔）→Union（并集）命令，即可将马的身体模型与马的后腿进行布尔运算，如图 2.51 所示。

【步骤06】：方法同上，将马的前腿与马的身体进行布尔运算，如图 2.52 所示。

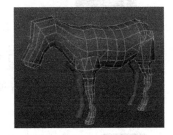

图 2.50　转换之后的效果　　图 2.51　布尔运算之后的效果　　图 2.52　所有布尔运算之后的效果

■视频播放具体操作步骤，请观看配套视频"任务二：将 NURBS 模型转换为 Polygon 模型.wmv"。

任务三：根据马的结构进行调节和布线

在本任务中主要根据马的结构对马的模型进行细节调节和布线，具体操作如下。

1. 对马模型的布线进行整理

【步骤01】：删除马的一半模型，如图 2.53 所示。

【步骤02】：对马的前腿与身体连接处的布线进行调节，如图 2.54 所示。

【步骤03】：对马的后腿与身体连接处的布线进行整理，如图 2.55 所示。

 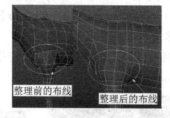 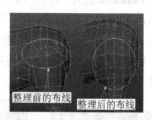

图 2.53　删除一半的效果　　图 2.54　调节布线前后的效果对比　　图 2.55　调节布线前后的效果对比

2. 对马的屁股处的布线进行整理

【步骤01】：对马的一半模型进行镜像复制。选择马模型的一半，如图 2.56 所示。在菜单栏中单击 Edit（编辑）→Duplicate Special（指定复制）命令即可，如图 2.57 所示。

【步骤02】：在菜单栏中单击 Mesh Tools（网格工具）→Append to Polygon（添加多边形工具）命令，对开放边进行连接，如图 2.58 所示。

  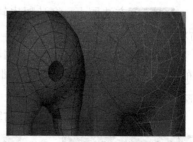

图 2.56　马的一半效果　　图 2.57　指定复制之后的效果　　图 2.58　添加多边形之后的效果

【步骤03】：对马的屁股进行布线调节，最终效果如图 2.59 所示。

3. 对马的头部结构进行调节

1）制作马的嘴巴

【步骤01】：进入马模型的 Edge（边）编辑模式。选择如图 2.60 所示的边。在菜单栏中单击 Edit Mesh（编辑网格）→Bridge（桥接）命令。对所选择的边进行桥接处理。对桥接的边根据模型进行调节，如图 2.61 所示。

图 2.59　马的屁股布线效果　　　图 2.60　选择的边　　　图 2.61　桥接操作之后的效果

[步骤02]：在菜单栏中单击 Mesh Tools（网格工具）→Append to Polygon（添加多边形工具）命令，对开口处进行扩边连接。再通过适当加边和减边的方法进行布线调节。最终效果如图 2.62 所示。

[步骤03]：选择如图 2.63 所示的面。

[步骤04]：在菜单栏中单击 Edit Mesh（编辑网格）→Extrude（挤出）命令，对选择的 Face（面）进行挤出操作。再对挤出的面进行适当调节，调节出马嘴的效果如图 2.64 所示。

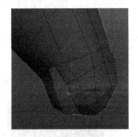

图 2.62　对开口处连接之后的效果　　图 2.63　选择需要挤出的面　　图 2.64　挤出的马嘴效果

2）制作马的鼻子

[步骤01]：进入马的 Face（面）编辑模式。选择如图 2.65 所示的面。

[步骤02]：在菜单栏中单击 Edit Mesh（编辑网格）→Extrude（挤出）命令，对选择的 Face（面）进行挤出操作。对挤出的面进行适当调节。

[步骤03]：再进行一次 Extrude（挤出）操作，对挤出的面进行调节。最终效果如图 2.66 所示。

3）制作马的眼睛

[步骤01]：选择如图 2.67 所示的点。

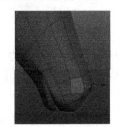

图 2.65　选择需要挤出马鼻子的面　　图 2.66　挤出的马鼻子效果　　图 2.67　选择的顶点

[步骤02] 在菜单栏中单击 Edit Mesh（编辑网格）→Chamfer Vertices（切角顶点）命令，即可得到如图 2.68 所示的效果。

[步骤03] 给模型添加边，再根据参考图进行调节，最终效果如图 2.69 所示。

[步骤04] 选择如图 2.70 所示的面。在菜单栏中单击 Edit Mesh（编辑网格）→Extrude（挤出）命令，对选择的面进行挤出操作。对挤出的面进行调节。

图 2.68　切角之后的效果　　　图 2.69　添加边并调节之后的效果　　　图 2.70　选择需要挤出眼窝的面

[步骤05] 再连续挤出几次，每次挤出都要根据参考图对挤出的面进行调节。最终效果如图 2.71 所示。

[步骤06] 创建两个球体作为马的眼睛，调节好位置。再对马模型的眼睛位置进行调节，效果如图 2.72 所示。

[步骤07] 给马的眼睛添加一个渐变的贴图，模拟出马的眼睛，最终效果如图 2.73 所示。

图 2.71　挤出的眼窝效果　　　图 2.72　创建的眼睛模型　　　图 2.73　添加材质之后的眼睛模型

4）制作马的耳朵

[步骤01] 选择如图 2.74 所示的面。

[步骤02] 对选择的 Face（面）进行 Extrude（挤出）操作。根据参考图，挤出一次调节一次，重复挤出和调节操作。最终效果如图 2.75 所示。

5）根据参考图调节马腿的结构

[步骤01] 在菜单栏中单击 Mesh Tools（编辑网格）→Insert Edge Loop（插入环形边工具）命令。根据参考图，在马模型的前腿插入环形边并调节顶点的位置，最终效果如图 2.76 所示。

[步骤02] 使用 Insert Edge Loop Tool（插入环形边工具）命令，根据参考图，在马模型的后腿插入环形边并调节顶点的位置，最终效果如图 2.77 所示。

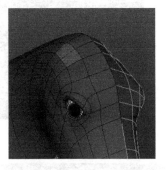

图 2.74　选择挤出耳朵的面　　　　图 2.75　挤出的耳朵效果　　　　图 2.76　马的前腿细调布线

【步骤03】根据参考图，对马模型的整体进行适当的调节，最终效果如图 2.78 所示。

【步骤04】合并模型。选择马的整个模型，在菜单栏中单击 Mesh（网格）→Combine（合并）命令，即可将选择的所有模型合并成一个模型。

【步骤05】缝合顶点。在菜单栏中单击 Edit Mesh（编辑网格）→Merge（合并）命令即可，如图 2.79 所示。

图 2.77　马的后腿细调布线　　　　图 2.78　马的整体布线　　　　图 2.79　合并之后的马效果

【提示】如果使用 Merge（合并）进行缝合时，可能有一些顶点缝合不成功，也有一些靠地比较近的顶点也被缝合了。出现这些情况时，建议读者进入模型的 Vertex（顶点）编辑模式，选择需要合并的顶点，再执行 Merge（合并）。

　　6）制作马的尾巴

马尾的制作主要使用 Extrude（挤出）命令沿曲线挤出来制作。具体操作步骤如下。

【步骤01】在菜单栏中单击 Create（创建）→Curve Tools（曲线工具）→Cv Curve Tool（CV 曲线工具）命令，在 Side（侧视图）中创建一条曲线，如图 2.80 所示。

【步骤02】选择如图 2.81 所示的面和曲线，在菜单栏中单击 Edit Mesh（编辑网格）→Extrude（挤出）命令进行挤出。

【步骤03】在 Channels（通道盒）中设置 Extrude（挤出）的参数，具体设置如图 2.82 所示。效果如图 2.83 所示。

【步骤04】对马尾巴的大小进行适当调节，最终效果如图 2.84 所示。

【步骤05】根据参考图和对马结构的理解，进行整体调节，最终效果如图 2.85 所示。

图 2.80　绘制曲线

图 2.81　选择需要挤出的面和曲线

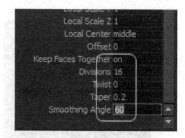

图 2.82　挤出参数设置

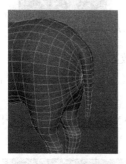

图 2.83　挤出马尾巴

图 2.84　调节之后的马尾效果

图 2.85　马的最终效果

具体操作步骤，请观看配套视频"任务三：根据马的结构进行调节和布线.flv"。

七、拓展训练

运用案例 2 所学知识，根据下面的参考图，制作狗的模型。

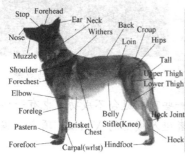

第 3 章　机器猫的制作

◆说明:

　　本章主要通过 3 个案例介绍使用 Maya 2017 的多边形建模技术和 Surfaces (曲面) 建模相结合来制作机械模型。通过本章的学习，要熟练掌握机械模型制作的原理、流程、方法和技巧。

◆教学建议课时数:

　　一般情况下需要 20 课时，其中理论 8 课时，实际操作 12 课时 (特殊情况可作相应调整)。

本章案例导读及效果预览（部分）

【1】导入参考图　　【2】制作头部模型的大型　　【3】将NURBS模型转为Polygon模型并完善细节　　【4】制作机器猫身体的大形　　【5】绘制投射曲线和投射操作

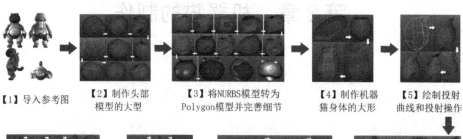

【9】机器猫腿部模型的制作　　【8】手臂模型的制作　　【7】制作机器猫身体的其他部分　　【6】将NURBS模型转为Polygon并进行调节

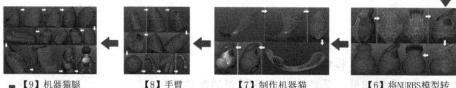

【10】机器猫尾巴模型的制作

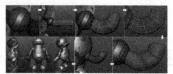

案例简介

本章主要通过3个案例介绍使用Maya 2017的多边形建模技术和Surfaces（曲面）建模相结合来制作机械模型。通过本章的学习，要熟练掌握机械模型制作的原理、流程、方法和技巧。

案例技术分析

本章案例模型的制作，首先要了解机械的运动原理。机械模型制作的流程、方法和技巧。再使用曲面建模命令制作机器猫的大型，将其转换为多边形模型。最后对转换的模型进行细调。

案例制作流程

本章主要通过3个案例介绍现机器猫模型制作的原理、方法以及技巧。案例1：机器猫头部模型的制作；案例2：机器猫身体模型的制作；案例3：机器猫四肢、尾巴和装饰品模型的制作

案例素材： 本章案例素材和工程文件，位于本书配套光盘中的"Maya 2017jsjm/Chapter03/相应案例的工程文件目录"文件夹。

视频播放： 本章案例视频教学文件位于配套光盘中的"视频教学"文件夹。

在本章中通过 3 个案例介绍使用 Maya 2017 中的 Polygon（多边形）建模技术和 Surfaces（曲面）建模的综合运用技巧。本章主要结合三维动画师（建模方向）考试题目进行讲解。

案例 1：机器猫头部模型的制作

一、案例内容简介

本案例介绍了三维动画师（建模方向）考试要求和考试样题机器猫头部模型的制作原理、方法、技巧以及布线。

二、案例效果欣赏

三、案例制作流程（步骤）及技巧分析

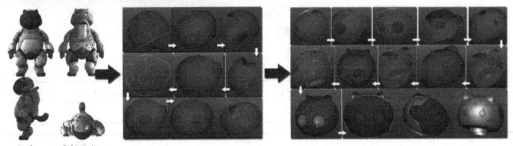

任务一：了解三维动画师（建模方向）考试要求和导入参考图

任务二：使用NURBS建模技术制作头部模型的大型

任务三：将NURBS模型转为Polygon（多边形）模型并完善细节

四、制作目的

通过本案例的学习，使读者熟练掌握三维动画师（建模方向）的考试要求、评分标准、考试流程和非生物模型头部模型制作的方法。

五、制作过程中需要解决的问题

（1）三维动画师（建模方向）考试要求。

（2）三维动画师（建模方向）的评分标准。

（3）考试的整个流程。

（4）非生物模型头部模型的制作原理以及技巧。

（5）Surfaces（曲面）与 Polygon 相结合的综合建模技术。

六、详细操作步骤

任务一：了解三维动画师（建模方向）考试要求和导入参考图

1. 了解三维动画师（建模方向）考试要求

根据提供的参考图，制作机器猫角色模型。

1）评分标准

（1）造型特征把握精准，空间结构合理　20 分。

（2）造型比例准确、和谐　　　　　　　20 分。

（3）角色各部分的质感体现准确　　　　15 分。

（4）纹理贴图清晰、明了　　　　　　　15 分。

（5）灯光效果　　　　　　　　　　　　10 分。

（6）造型拓扑结构合理　　　　　　　　20 分。

2）考试要求

（1）对象外部造型特征把握准确。

（2）造型空间结构合理，准确表达形体的空间结构。

（3）五官、头、颈、胸、四肢比例准确、和谐统一。

（4）质感的准确体现。

（5）正确分配 UV 无明显拉伸，在 Photoshop 中绘制相应的贴图。

（6）灯光的正确设置，合理体现形体结构。

（7）造型拓扑结构合理，关节、颈部、腰部布线严谨。

3）三维动画师（角色建模）评分表

姓名：_____ 准考证号：_____考试日期：_____年_____月____日

考试时间定额：__240__分钟　开考时间：___时___分　交卷时间：___时___分

监考人：_____　评卷人：_____　　得分：_____

考核内容	技术要求	评分标准	配分	合分记录及备注	得分
造型特征把握精准、空间结构合理	具有相应的解剖知识和文化素养	对原著熟悉，角色造型符合其性格特征，无偏差	10		
	对造型有敏锐感觉	对骨骼和肌肉有一定的体现，形象不能过于夸张和卡通化	10		
造型比例准确、和谐	具有一定的雕塑知识	形体从空间中的各个角度去审视都有较好的视觉效果，形体饱满、圆润和结实	20		
	空间造型观念强				
角色各部分的质感体现准确	能够准确地控制形体比例，各部分和谐统一	五官刻画细腻、精到，面部比例和谐	10		
		四肢及胸部比例和谐，无过长、过短	10		

续表

考核内容	技术要求	评分标准	配分	合分记录及备注	得分
渲染结果	材质设置得当	根据参考图为模型各部分赋予材质，正确绘制眼睛贴图	10		
	熟悉灯光的各项属性和表现效果	灯光准确体现结构，阴影层次细腻，无锯齿	10		
造型拓扑结构合理	布线合理	布线合理到位，90%以上使用四边形	10		
	结构能适合动画需求	眼睛、嘴角及关节布线合理，可完成基本表情及动作的制作	10		

2. 导入参考图

根据如图 3.1 至图 3.5 所示参考图，利用第 1 章介绍的参考图导入方法，新建一个工程项目，将参考图导入文件。在这里不再详细介绍，也可观看配套教学视频。

　图 3.1　前视图　　　图 3.2　侧视图　　　图 3.3　顶视图　　　图 3.4　背视图　　　图 3.5　透视图

具体操作步骤，请观看配套视频"任务一：了解三维动画师（建模方向）考试要求和导入参考图.wmv"。

任务二：使用 NURBS 建模技术制作头部模型的大型

在本任务中，主要使用 NURBS 基本几何体创建机器猫头部的大型，再使用曲线与基本几何体进行投射和修剪等操作。

1. 制作头部模型的大型

步骤01：在菜单栏中单击 Create（创建）→NURBS Primitives（NURBS 基本几何体）→Sphere（球体）命令，在视图中创建一个球体。

步骤02：根据参考图，对创建的球体进行缩放和旋转操作，与参考图匹配，如图 3.6 所示。

步骤03：插入如图 3.7 所示的 Isoparm（等参线）。

步骤04：分离曲面。选择如图 3.8 所示的 Isoparm（等参线），在菜单栏中单击 Surfaces（曲面）→Detach（分离）命令，即可将球体分离成两个曲面，将不需要的部分删除，如图 3.9 所示。

图 3.6 创建并调节好的球体

图 3.7 插入等参线的位置

图 3.8 选择的等参线

【步骤05】：进入头部模型的 Hull（壳）编辑模式，根据参考图进行缩放操作，最终效果如图 3.10 所示。

【步骤06】：再插入一条参考线，进入 Hull（壳）编辑模式，根据参考图进行缩放操作，最终效果如图 3.11 所示。

图 3.9 分离并删除多余曲面之后的效果

图 3.10 对壳线缩放之后的效果

图 3.11 插入等参线并缩放之后的效果

2. 绘制投射参考线

【步骤01】：在菜单栏中单击 Create（创建）→Curve Tools（曲线工具）→CV Curve Tool（CV 曲线工具）命令，在 Top（顶视图）中绘制如图 3.12 所示的两条闭合曲线。

【步骤02】：在菜单栏中单击 Create（创建）→NURBS Primitives（NURBS 基本几何体）→Circle（环形）命令，在 Front（前视图）中创建两个如图 3.13 所示的环形。

【步骤03】：在菜单栏中单击 Create（创建）→Curve Tools（曲线工具）→CV Curve Tool（CV 曲线工具）命令，在 Side（侧视图）中绘制如图 3.14 所示的曲线。

图 3.12 绘制的闭合曲线

图 3.13 创建的两个圆环

图 3.14 绘制的曲线

【步骤04】：打开背面参考图，在 Front（前视图）中绘制如图 3.15 所示的投射曲线。

3. 使用绘制的曲线与头部模型进行投射操作

【步骤01】：在 Side（侧视图）中选择投射的曲线和头部模型，如图 3.16 所示。

[步骤02]：进行投射。在菜单栏中单击 Surfaces（曲面）→Project Curve on　Surface（投射曲线到曲面）命令，即可得到如图 3.17 所示的投射曲线。

图 3.15　绘制的曲线　　　　图 3.16　选择曲线和头部模型　　　　图 3.17　投射之后的效果

[步骤03]：将投射出来的模型复制一份，将其隐藏。选择没有隐藏的头部模型。在菜单栏中单击 Surfaces（曲面）→Trim Tool（修剪工具）命令，单击需要保存的部分，如图 3.18 所示。按键盘上的"Enter"键，即可得到如图 3.19 所示。

[步骤04]：将其复制的隐藏头部模型显示出来。使用 Trim Tool（修剪工具）命令单击需要保存的部分，如图 3.20 所示。按键盘上的"Enter"键，即可得到如图 3.21 所示效果。

图 3.18　选择需要保留部分的效果　　图 3.19　修剪之后的效果　　图 3.20　选择需要保留部分的效果

[步骤05]：在 Front（前视图）中选择两个圆环和前头部曲线，如图 3.22 所示。

[步骤06]：在菜单栏中单击 Surfaces（曲面）→Project Curve Surface（投射曲线到曲面）命令，即可得到如图 3.23 所示的投射曲线。

图 3.21　修剪之后的效果　　　图 3.22　绘制的两个圆环　　　图 3.23　投射之后的效果

[步骤07]：使用 Trim Tool（修剪工具）命令，单击需要保存的部分，如图 3.24 所示。按键盘上的"Enter"键，即可得到如图 3.25 所示效果。

[步骤08]：方法同上，根据参考，使用绘制的曲线与头部模型进行投射，最终效果如图 3.26 所示。

[视频播放]具体操作步骤，请观看配套视频"任务二：使用 NURBS 建模技术制作头部模型的大型.wmv"。

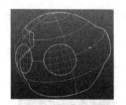
图 3.24 选择需要保留的
部分效果

图 3.25 修剪之后
得到的效果

图 3.26 修剪之后的最终效果

任务三：将 NURBS 模型转为 Polygon（多边形）模型并完善细节

1. 将 NURBS 模型转为 Polygon（多边形）模型

【步骤01】：选择头部模型。在菜单栏中单击 Modify（修改）→Convert（转换）→NURBS to Polygons（NURBS 转换为多边形）命令→■图标，弹出【Convert NURBS to Polygons Options（NURBS 转换为多边形选项）】对话框，具体设置如图 3.27 所示。

【步骤02】：单击 Tessellate（细分）按钮即可得到如图 3.28 所示效果。

2. 对转换为 Polygon（多边形）的模型进行整理

1）对机器猫头部前半部分进行整理

【步骤01】：整理前的效果，如图 3.29 所示。

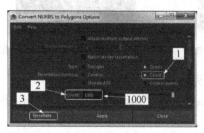
图 3.27 "NURBS 转换为多边形选项"
对话参数设置

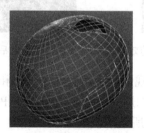
图 3.28 转换之后的效果

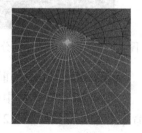
图 3.29 整理前的效果

【步骤02】：使用 Multi-Cut（多切割）和 Delete Edge/Vertex（删除边/顶点）命令对机器猫头部前半部分进行整理。最终效果如图 3.30 所示。

【步骤03】：为了提高整理的效率，该模型又是对称模型。进入机器猫模型前半部分的 Face（面）编辑模式。删除一半。然后进行关联复制，效果如图 3.31 所示。

【步骤04】：使用 Multi-Cut（多项剪切）、Delete Edge/Vertex（删除边/顶点）和 Insert Edge Loop Tool（插入环形边工具）命令对一半模型进行整理即可。整理完成的效果如图 3.32 所示。

【步骤05】：选择眼睛位置的边界边，如图 3.33 所示。

【步骤06】：在菜单栏中单击 Edit Mesh（编辑网格）→Extrude（挤出）命令，对选择的边界边进行挤出，再进行位置调节，如图 3.34 所示。

图 3.30　整理后的效果

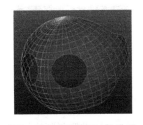

图 3.31　关联复制的效果

图 3.32　整理后的效果

【步骤07】：方法同上，继续挤出、对挤出的边界边进行缩放和位置调节。最终效果如图 3.35 所示。

图 3.33　选择的边界边

图 3.34　挤出缩放之后的效果

图 3.35　继续挤出调节之后的效果

【步骤08】：将机器猫头部模型的前两部分选中，在菜单栏中单击 Mesh（网格）→Combine（合并）命令，将选择的两个模型合并为一个模型。

【步骤09】：进入合并模型的 Vertex（顶点）编辑模式。使用 Edit Mesh（编辑网格）菜单下的 Merge（合并）命令对顶点进行合并。最终效果如图 3.36 所示。

【步骤10】：选择如图 3.37 所示的边界边。

【步骤11】：在菜单栏中单击 Edit Mesh（编辑网格）→Extrude（挤出）命令，对选择的边界边进行挤出，再进行位置调节，如图 3.38 所示。

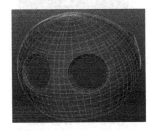

图 3.36　合并之后的效果

图 3.37　选择的边界边

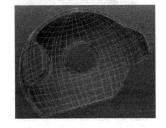

图 3.38　挤出并调节之后的效果

2）对机器猫头部后半部分进行整理

【步骤01】：显示出机器猫头部模型的后半部分，如图 3.39 所示。

【步骤02】：进入模型的 Face（面）编辑模式。删除一半模型，对剩下的部分进行关联镜像复制，效果如图 3.40 所示。

【步骤03】：使用 Multi-Cut（多切割）、Delete Edge/Vertex（删除边/顶点）和 Insert Edge Loop Tool（插入环形边工具）命令对一半模型进行整理即可。整理完成的效果如图 3.41 所示。

图 3.39　机器猫头部后半部分

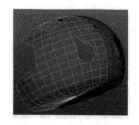
图 3.40　关联复制的效果

图 3.41　整理完之后的效果

【步骤04】：选择如图 3.42 所示的边界边。

【步骤05】：在菜单栏中单击 Edit Mesh（编辑网格）→Extrude（挤出）命令，对选择的边界边进行挤出，再进行位置调节。连续操作 3 次。效果如图 3.43 所示。

【步骤06】：选择如图 3.44 所示的边界边。

图 3.42　选择边界边

图 3.43　继续挤出的效果

图 3.44　选择的边界边

【步骤07】：在菜单栏中单击 Edit Mesh（编辑网格）→Extrude（挤出）命令，对选择边界边进行挤出，再进行位置调节。连续操作 3 次。效果如图 3.45 所示。

【步骤08】：选择耳朵处的边界边。如图 3.46 所示

【步骤09】：在菜单栏中单击 Mesh（网格）→Fill Hole（补洞）命令，效果如图 3.47 所示。

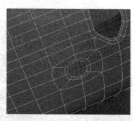
图 3.45　连续挤出 3 次的效果

图 3.46　选择的耳朵边界边

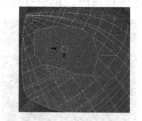
图 3.47　补洞效果

【步骤10】：选择补洞的面。进行 Extrude（挤出）操作，再对挤出的面进行适当缩放，效果如图 3.48 所示。

【步骤11】：使用 Multi-Cut（多切割）命令对耳朵处的面进行布线，最终效果如图 3.49 所示。

【步骤12】：进入模型的 Face（面）编辑模式，如图 3.50 所示的面。

【步骤13】：使用 Extrude（挤出）对选择 Face（面）进行挤出，再进行位置调节和缩放。连续进行几次 Extrude（挤出）、缩放和调节操作。最终效果如图 3.51 所示。

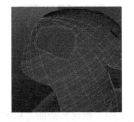

图 3.48　挤出之后的效果

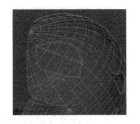

图 3.49　切割之后的效果

图 3.50　选择需要挤出的面

【步骤14】选择如图 3.52 所示的曲面。

【步骤15】在菜单栏中单击 Mesh（网格）→Combine（合并）命令，将选择的两个模型合并为一个模型。

【步骤16】进入合并模型的 Vertex（顶点）编辑模式。使用 Merge（合并）命令对顶点进行缝合。最终效果如图 3.53 所示。

图 3.51　挤出并调节之后的效果

图 3.52　选择的曲面

图 3.53　合并之后的效果

【步骤17】选择如图 3.54 所示的边界边。

【步骤18】在菜单栏中单击 Edit Mesh（编辑网格）→Extrude（挤出）命令，对选择的边界边进行挤出，再进行位置调节。连续操作 2 次。效果如图 3.55 所示。

【步骤19】显示机器猫头部模型的前半部分。整个效果如图 3.56 所示。

图 3.54　选择的边界边

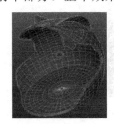

图 3.55　连续挤出并调节之后的效果

图 3.56　机器猫头的整个效果

3）制作机器猫的眼睛、螺丝和颈部模型

【步骤01】进入模型的 Face（面）编辑模式。选择如图 3.57 所示的面。

【步骤02】在菜单栏中单击 Edit Mesh（编辑网格）→Extrude（挤出）命令，对选择的 Face（面）进行挤出操作。对挤出的面进行适当移动，如图 3.58 所示。

【步骤03】再进行一次挤出操作。调节好位置并将其底面删除。最终效果如图 3.59 所示。

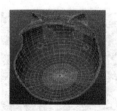
图 3.57　选择的面

图 3.58　对面进行挤出的效果

图 3.59　删除多余面之后的效果

【步骤04】在菜单栏中单击 Create（创建）→Polygon Primitives（多边形基本几何体）→Cylinder（圆柱体）命令。在视图中创建一个如图 3.60 所示的圆柱体。

【步骤05】进入圆柱体的 Face（面）编辑模式，选择如图 3.61 所示的面。

【步骤06】对选择的面进行挤出和缩放操作 3 次，最终效果如图 3.62 所示。

图 3.60　创建的圆柱体

图 3.61　选择进行挤出的面

图 3.62　挤出 3 次并调节之后的效果

【步骤07】将制作好的螺丝调节好位置。再复制 3 颗螺丝，根据参考图进行缩放和位置调节，最终效果如图 3.63 所示。

【步骤08】制作机器猫的眼睛。在菜单栏中单击 Create（创建）→Polygon Primitives（多边形基本几何体）→ Sphere （球体）命令。在 Front（前视图）中创建两个球体。根据参考图对创建的球体进行适当缩放、旋转和移动操作。最终效果如图 3.64 所示。

图 3.63　复制 3 颗螺丝并调节好位置

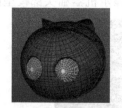
图 3.64　机器猫的眼睛

【步骤09】根据参考图赋予机器猫基本材质，最终效果如图 3.65 所示。

图 3.65　机器猫头部的最终效果

视频播放具体操作步骤，请观看配套视频"任务三：将 NURBS 模型转为 Polygon（多边形）模型并完善细节.wmv"。

七、拓展训练

运用案例 1 所学知识，根据所给参考图制作机器人的头部模型。

案例 2：机器猫身体模型的制作

一、案例内容简介

本案例详细介绍了三维动画师（建模方向）考试样题中机器猫身体模型的制作原理、方法、技巧以及布线。

二、案例效果欣赏

三、案例制作流程（步骤）及技巧分析

任务一：制作机器猫身体的大形　　任务二：绘制投射曲线和投射操作　　任务三：将NURBS模型转为Polygon（多边形）并进行调节　　任务四：制作机器猫身体的其他部分

四、制作目的

通过机器猫身体模型的制作，使读者熟练掌握机械原理、机械模型制作思路及其与机械模型相关基础的知识。

五、制作过程中需要解决的问题

（1）机器猫身体结构和基本大形；

（2）机器猫身体模型制作的整个思路；

（3）机械原理以及机械的相关基础；

（4）机器猫身体的各个细小部件的建模细节。

六、详细操作步骤

在本案例中主要介绍机器猫身体模型的制作。制作原理是：使用 Surfaces（曲面）建模技术制作机器猫的大型，使用绘制好的曲线进行投射和修剪，再将修剪好的曲面转换为 Polygon（多边形），根据参考图进行细节调节。

任务一：制作机器猫身体的大型

1. 制作机器猫的颈部模型

步骤01：在菜单栏中单击 Create（创建）→NURBS Primitives（NURBS 基本几何体）→Cylinder（圆柱体）命令。在 Top（顶视图）中创建一个圆柱体。

步骤02：在 Side（侧视图）中，根据参考图对创建的圆柱体进行缩放和旋转操作，如图 3.66 所示。

步骤03：插入 Isoparm（等参线）。进入模型的 Isoparm（等参线）编辑模式。拖拽出如图 3.67 所示的 Isoparm（等参线）。在菜单栏中单击 Surfaces（曲面）→Insert Isoparms（插入参考线）命令即可，如图 3.68 所示。

图 3.66　调节之后的圆柱体　　　图 3.67　需要插入等参线的位置　　　图 3.68　插入的等参线

步骤04：进入模型的 Hull（壳）编辑模式。根据参考图对模型的 Hull（壳）线进行缩放操作和调节，最终效果如图 3.69 所示。

2. 制作机器猫的身体模型大型

步骤01：在菜单栏中单击 Create（创建）→NURBS Primiteves（NURBS 基本几何体）→Sphere（球体）命令。在视图中创建一个球体。

步骤02：在 Front（前视图）中根据参考图，对创建的球体进行缩放和位置调节，如图 3.70 所示。

步骤03：在 Side（侧视图）中根据参考图，对创建的球体进行缩放和位置调节，如图 3.71 所示。

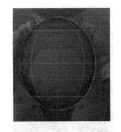

图 3.69　编辑之后的效果　　　　　图 3.70　前视图中的效果　　　　　图 3.71　侧视图中的效果

【步骤04】：进入模型的 Isoparm（等参线）编辑模式。选择如图 3.72 所示的 Isoparm（等参线）。

【步骤05】：分离曲面。在菜单栏中单击 Surfaces（曲面）→Detach（分离）命令，使模型沿所选 Isoparm（等参线）处分离，删除不要部分，如图 3.73 所示。

【步骤06】：进入模型的 Isoparm（等参线）编辑模式，插入 Isoparm（等参线）并根据参考图对模型进行调节。最终效果如图 3.74 和图 3.75 所示。

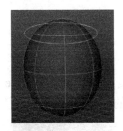

图 3.72　选择的等参线　　　　图 3.73　删除多余面之后的效果　　　　图 3.74　前视图中效果

【步骤07】：进入模型的 Isoparm（等参线）编辑模式，拖拽出如图 3.76 所示 Isoparm（等参线）。

【步骤08】：在菜单栏中单击 Surfaces（曲面）→Insert Isoparms（插入参考线）命令即可插入 Isoparm（等参线），如图 3.77 所示。

图 3.75　侧视图中的效果　　　　图 3.76　插入等参线的位置　　　　图 3.77　插入的等参线

【步骤09】：进入模型的 Control Vertex（控制点）编辑模式，根据参考图在 Front（前视图）和 Side（侧视图）中对模型进行调节，最终效果如图 3.78 和图 3.79 所示。

【步骤10】：进入模型的 Isoparm（等参线）编辑模式，选择如图 3.80 所示的 Isoparm（等参线）。

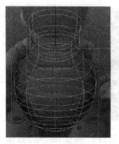

图 3.78　前视图中的最终效果　　　图 3.79　侧视图中的最终效果　　　图 3.80　选择的等参线

【步骤11】：分离曲面。在菜单栏中单击 Surfaces（曲面）→Detach（分离）命令，使模型沿所选 Isoparm（等参线）处分离，删除不要部分，如图 3.81 所示。

【步骤12】：选择剩下部分的模型。在菜单栏中单击 Edit（编辑）→Duplicate Special（指定复制）命令，对模型进行关联对称复制，如图 3.82 所示。

视频播放具体操作步骤，请观看配套视频"任务一：制作机器猫身体的大型.wmv"。

任务二：绘制投射曲线和投射操作

1. 绘制投射曲线

【步骤01】：在菜单栏中单击 Create（创建）→Curve Tools（曲线工具）→CV Curve Tool（CV 曲线工具）命令，在 Front（前视图）中绘制如图 3.83 所示的曲线。

图 3.81　删除一半之后的效果　　　图 3.82　指定复制之后的效果　　　图 3.83　绘制的曲线

【步骤02】：方法同上，在 Front（前视图）中绘制如图 3.84 所示的曲线。

【步骤03】：使用 CV Curve Tool（CV 曲线工具）命令，在 Side（侧视图）中绘制如图 3.85 所示的闭合曲线。

【步骤04】：在菜单栏中单击 Create（创建）→NURBS Primitives（NURBS 基本几何体）→Circle（环形）命令，在 Side（侧视图）中绘制如图 3.86 所示的环形。

【步骤05】：方法同上，在 Front（前视图）中，使用 CV Curve Tool（CV 曲线工具）命令和 Circle（环形）命令绘制曲线如图 3.87 所示。

2. 利用绘制好的曲线与身体模型进行投射和修剪操作

该机器猫需要投射的曲线比较多，读者要分别从 Front（前视图）、Side（侧视图）进行投射和修剪。

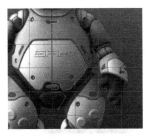

图 3.84　绘制的曲线

图 3.85　绘制的曲线

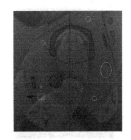

图 3.86　选择的曲线和模型

1）在 Front（前视图）中进行投射

【步骤01】：在 Front（前视图）中选择如图 3.88 所示的曲线和模型。

【步骤02】：在菜单栏中单击 Surfaces（曲面）→Project Curve on Surface（投射曲线到曲面）命令。在曲面上即可得到如图 3.89 所示的曲线。

图 3.87　绘制的曲线和闭合曲线

图 3.88　选择的曲线和模型

图 3.89　投射得到的曲线

【步骤03】：选择曲面，在菜单栏中单击 Surfaces（曲面）→Trim Tool（修剪工具）命令，在 Persp（透视图）中单击选择需要保留的曲面，如图 3.90 所示。

【步骤04】：按键盘上的"Enter"键，即可得到如图 3.91 所示的曲面。

【步骤05】：在 Front（前视图）中选择如图 3.92 所示的曲面和曲线。

图 3.90　选择需要保留的部分

图 3.91　修剪之后的效果

图 3.92　选择的曲面和投射曲线

【步骤06】：在菜单栏中单击 Surfaces（曲面）→Project Curve on Surface（投射曲线到曲面）命令。在曲面上即可得到如图 3.93 所示的曲线。

【步骤07】：将曲面模型旋转到后面，如图 3.94 所示。也被投射了曲线。这些曲线并不需要，要将其删除，否则会出错。删除多余曲线之后保留的曲线如图 3.95 所示。

图 3.93　投射得到的效果

图 3.94　曲面模型效果

图 3.95　删除多余投射线之后的效果

【步骤08】：对投射有曲线的曲面进行复制。复制的份数要根据需要修剪曲面的多少来决定。在这里需要复制 4 份。将暂时不进行 Trim（修剪）的曲面隐藏。

【步骤09】：在菜单栏中单击 Surfaces Surfaces（曲面）→Trim Tool（修剪工具）命令，在 Persp（透视图）中单选需要保留的曲面，如图 3.96 所示。

【步骤10】：按键盘上的"Enter"键，即可得到如图 3.97 所示的曲面。

【步骤11】：方法同上，对曲面进行修剪，最终得到的曲面如图 3.98 所示。

图 3.96　选择需要保留的曲面

图 3.97　修剪之后的效果

图 3.98　修剪之后的效果

【步骤12】：显示隐藏的曲面，最终效果如图 3.99 所示。

2）在 Side（侧视图）对曲面进行投射

【步骤01】：在 Side（侧视图）中选择如图 3.100 所示的曲面和曲线。

【步骤02】：在菜单栏中单击 Surfaces（曲面）→Project Curve on Surface（投射曲线到曲面）命令，在曲面上即可得到如图 3.101 所示的曲线。

图 3.99　隐藏修剪好的曲面
之后的效果

图 3.100　选择进行投射的
曲面和曲线

图 3.101　投射之后的效果

【步骤03】：将投射有曲线的曲面复制 2 份。分别对复制的曲面进行 Trim（修剪）操作。最终效果如图 3.102 所示。

3）对机器猫的背面进行曲线投射

【步骤01】：在 Persp（透视图）中选择如图 3.103 所示的投射曲线和曲面。将视图切换到 Front（前视图）。

【步骤02】：在菜单栏中单击 Surfaces（曲面）→Project Curve on Surface（投射曲线到曲面）命令。在曲面上即可得到如图 3.104 所示的曲线。

【步骤03】：将投射有曲线的曲面复制 1 份。对曲面进行 Trim（修剪）操作。最终效果如图 3.105 所示。

   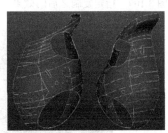

图 3.102　修剪之后　　图 3.103　选择需要进　　图 3.104　投射之后
的效果　　　　　　行投射的曲线和曲面　　　　的效果　　　　图 3.105 修剪之后的效果

视频教程具体操作步骤，请观看配套视频"任务二：绘制投射曲线和投射操作.wmv"。

任务三：将 NURBS 模型转为 Polygon（多边形）并进行调节

1. 将 NURBS 模型转为 Polygon（多边形）模型

【步骤01】：选择所有 NURBS 模型。在菜单栏中单击 Modify（修改）→Convert（转换）→NURBS to Polygons（NURBS 转换为多边形）→□图标。弹出【Convert NURBS to Polygons Options（NURBS 转换为多边形选项）】对话框，具体设置如图 3.106 所示。

【步骤02】：单击 Apply（应用）按钮即可得到如图 3.107 所示的效果。

【步骤03】：选中所有转换为 Polygon（多边形）的模型。在菜单栏中单击 Edit（编辑）→Duplicate Special（指定复制）→□图标，弹出【Duplicate Special Options（指定复制选项）】对话框，具体设置如图 3.108 所示。

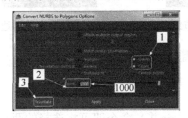  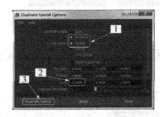

图 3.106　"NURBS 转换为多边形"　　　图 3.107　转换　　图 3.108　"指定复制"对话框
对话框参数设置　　　　　　之后的效果　　　　参数设置

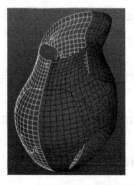

图 3.109 指定复制之后的效果

【步骤04】：单击 Apply（应用）按钮即可得到如图 3.109 所示的关联对称模型。

2. 对 Polygon（多边形）模型进行细节调节

1）对模型进行布线处理

【步骤01】：模型在整理之前的布线情况。如图 3.110 所示。

【步骤02】：使用 Multi-Cut（多切割）、Merge（合并）、Merge Vertex Tool（合并顶点工具）和 Insert Polygon Tool（插入环形边工具）等命令对模型进行布线整理。整理之后的布线情况如图 3.111 所示。

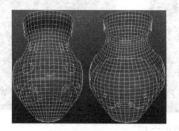

图 3.110 整理前的布线

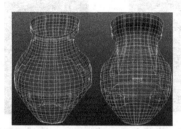

图 3.111 整理布线之后的效果

2）对手臂连接处的边进行挤出和删除不需要的面

【步骤01】：进入模型的 Edge（边）编辑模式。选择如图 3.112 所示的边界边。

【步骤02】：在菜单栏中单击 Edit Mesh（编辑网格）→Extrude（挤出）命令，对选择的边界边进行挤出，再进行位置调节。重复操作 3 次，效果如图 3.113 所示。

【步骤03】：在菜单栏中单击 Mesh Tools（网格工具）→Multi-Cut（多切割）命令，在视图中添加如图 3.114 所示的边。

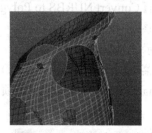 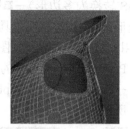 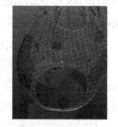

图 3.112 选择的边界边　　　图 3.113 挤出多次并调节之后的效果　　　图 3.114 添加的边

【步骤04】：进入模型的 Face（面）编辑模式，删除不需要的面，如图 3.115 所示。

3）合并和缝合模型

【步骤01】：选择如图 3.116 所示的 2 个曲面模型。

【步骤02】：在菜单栏中单击 Mesh（网格）→Combine（合并）命令即可将选择的两个曲面合并成一个曲面对象。

步骤03：进入合并曲面对象的 Vertex（顶点）编辑模式。使用 Edit Mesh（编辑网格）菜单下的 Merge（合并）命令合并顶点。最终效果如图 3.117 所示。

  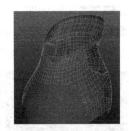

图 3.115　删除多余面之后的效果　　图 3.116　选择的两个曲线　　图 3.117　合并之后的效果

步骤04：选择如图 3.118 所示的 2 个曲面。

步骤05：在菜单栏中单击 Mesh（网格）→Combine（结合）命令即可将选择的两个曲面合并成一个曲面对象。

步骤06：进入合并曲面对象的 Vertex（顶点）编辑模式。使用 Edit Mesh（编辑网格）菜单下的 Merge（合并）命令合并顶点。最终效果如图 3.119 所示。

步骤07：选择如图 3.120 所示的 2 个曲面。

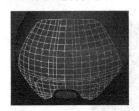  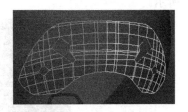

图 3.118　选择的两个曲面　　图 3.119　合并之后的效果　　图 3.120　选择结合的两个面

步骤08：在菜单栏中单击 Mesh（网格）→Combine（结合）命令即可将选择的两个曲面合并成一个曲面对象。

步骤09：进入合并曲面对象的 Vertex（顶点）编辑模式。使用 Edit Mesh（编辑网格）菜单下的 Merge（合并）命令缝合顶点。最终效果如图 3.121 所示。

步骤10：方法同上，将其他需要结合和合并的曲面对象进行结合和合并操作。合并和缝合之后的效果如图 3.122 所示。

4）对模型边界边进行挤出、缩放和移动操作。

步骤01：进入模型的 Edge（边）编辑模式。选择如图 3.123 所示的边。

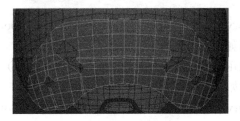  

图 3.121　合并之后的效果　　图 3.122　合并之后的效果　　图 3.123　选择的边界边

【步骤02】：在菜单栏中单击 Edit Mesh（编辑网格）→Extrude（挤出）命令，对选择的边界边进行挤出，再进行位置调节，重复操作 3 次，效果如图 3.124 所示。

【步骤03】：选择如图 3.125 所示的边。

【步骤04】：在菜单栏中单击 Edit Mesh（编辑网格）→Extrude（挤出）命令，对选择的边界边进行挤出，再进行位置调节。重复操作 3 次，效果如图 3.126 所示。

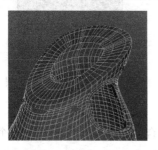 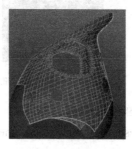 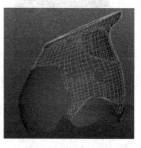

图 3.124　挤出 3 次并调节　　　图 3.125　选择的边界　　　图 3.126　挤出 3 次并调节
之后的效果　　　　　　　　　　　　　　　　　　　　　　　之后的效果

【步骤05】：方法同上，对剩余需要进行挤出的边进行挤出、缩放和调节。最终效果图 3.127 所示。

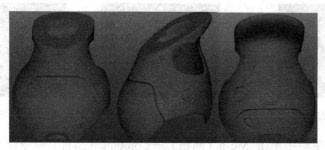

图 3.127　调节之后的效果

具体操作步骤，请观看配套视频"任务三：将 NURBS 模型转为 Polygon（多边形）并进行调节"。

任务四：制作机器猫身体的其他部分

1. 绘制投射曲线和投射

1)绘制投射曲线

【步骤01】：在菜单栏中单击 Create（创建）→Curve Tools（曲线工具）→CV Curve Tool（CV 曲线工具）命令，在 Front（前视图）中绘制如图 3.128 所示的曲线。

【步骤02】：在菜单栏中单击 Create（创建）→NURBS Primitives（NURBS 基本几何体）→Circle（环形）命令，在 Side（侧视图）中绘制如图 3.129 所示的环形。

【步骤03】：在菜单栏中单击 Create（创建）→Curve Tools（曲线工具）→CV Curve Tool（CV 曲线工具）命令，在 Front（前视图）中绘制如图 3.130 所示的曲线。

图 3.128　绘制的曲线

图 3.129　绘制的圆环

图 3.130　绘制的曲线

2）使用投射曲线与曲面进行投射

【步骤01】：在 Front（前视图）中选择投射曲面和曲线，如图 3.131 所示。

【步骤02】：在菜单栏中单击 Surfaces（曲面）→Project Curve on Surfaec（投射曲线到曲面）命令。在曲面上即可得到如图 3.132 所示的曲线。

【步骤03】：在 Side（侧视图）中选择绘制的曲线和曲面，使用 roject Curve on Surface（投射曲线到曲面）命令进行投射，在曲面上即可得到如图 3.133 所示的曲线。

图 3.131　绘制的曲线

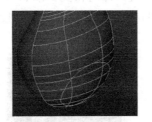

图 3.132　投射得到的曲线

图 3.133　继续投射得到的曲线

【步骤04】：在菜单栏中单击 Surfaces（曲面）→Trim Tool（修剪工具）命令，在 Persp（透视图）中单选需要保留的曲面，如图 3.134 所示。

【步骤05】：按键盘上的"Enter"键，即可得到如图 3.135 所示的曲面。

【步骤06】：将投射的曲面复制一份作为备用。

【步骤07】：进入模型的 Isoparm（等参线）编辑模式。选择如图 3.136 所示的 Isoparm（等参线）。

图 3.134　单选需要保留的曲面

图 3.135　修剪之后的曲面

图 3.136　选择的等参线

【步骤08】：在菜单栏中单击 Surfaces（曲面）→Detach（分离）命令，使模型沿所选 Isoparm（等参线）处分离，删除不要部分，如图 3.137 所示。

【步骤09】：选择如图 3.138 所示的投射曲面和曲线。

【步骤10】：在菜单栏中单击 Surfaces（曲面）→Project Curve on Surface（投射曲线到曲面）命令，即可得到如图 3.139 所示的曲线。

图 3.137　分离之后的效果

图 3.138　选择投射曲面和曲线

图 3.139　投射得到的曲线

【步骤11】：在菜单栏中单击 Surfaces（曲面）→Trim Tool（修剪工具）命令，在 Persp（透视图）中单选需要保留的曲面，如图 3.140 所示。

【步骤12】：按键盘上的"Enter"键，即可得到如图 3.141 所示的曲面。

【步骤13】：方法同上，对后面的曲面和投射曲线进行投射和修剪。最终效果如图 3.142 所示。

图 3.140　选择保留的曲面

图 3.141　修剪得到曲面

图 3.142　投射得到的曲面

2. 将修剪好的 NURBS 曲面转换为 Polygon（多边形）并进行调节

1）将 NURBS 曲面转为 Polygon（多边形）

【步骤01】：在透视图中选择如图 3.143 所示的曲面。

【步骤02】：选择所有 NURBS 模型。在菜单栏中单击 Modify（修改）→Convert（转换）→NURBS to Polygons（NURBS 转换为多边形）→□图标，弹出【Convert NURBS to Polygons Options（NURBS 转换为多边形选项）】对话框，具体设置如图 3.144 所示。

【步骤03】：单击 Apply（应用）按钮即可得到如图 3.145 所示的效果。

2）对转换后的 Ploygon（多边形）模型进行编辑

【步骤01】：选择如图 3.146 所示的两个曲面。在菜单栏中单击 Mesh（网格）→Combine（结合）命令即可将选择的两个曲面合并成一个曲面对象。

【步骤02】：进入合并曲面对象的 Vertex（顶点）编辑模式。使用 Edit Mesh（编辑网格）菜单下的 Merge（合并）命令缝合顶点。最终效果如图 3.147 所示。

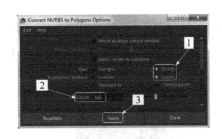

图 3.143 选择的曲面　　　图 3.144 "NURBS 转换为多边形选　　图 3.145 转换之后的效果
　　　　　　　　　　　　　　　　　　项"对话框参数设置

【步骤03】：将缝合好的模型进行对称关联复制。在菜单栏中单击 Edit（编辑）→Duplicate Special（指定复制）→回图标，弹出【Duplicate Special Options（指定复制选项）】对话框，具体设置如图 3.148 所示。

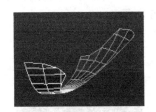

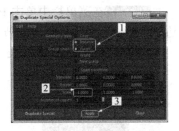

图 3.146 选择的两个曲面　　　图 3.147 合并之后的效果　　　图 3.148 "指定复制选项"对话
　　　　　　　　　　　　　　　　　　　　　　　　　　　　　　　　框参数设置

【步骤04】：单击 Apply（应用）按钮即可得到如图 3.149 所示的效果。

【步骤05】：使用 Mesh Tools（网格工具）菜单下的 Multi-Cut（多切割）对曲面模型的布线进行适当调节。最终效果如图 3.150 所示。

【步骤06】：在菜单栏中单击 Mesh（网格）→Combine（结合）命令即可将选择的两个曲面合并成一个曲面对象。

【步骤07】：进入合并曲面对象的 Vertex（顶点）编辑模式。使用 Edit Mesh（编辑网格）菜单下的 Merge（合并）命令缝合顶点。最终效果如图 3.151 所示。

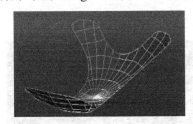

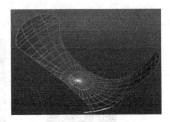

图 3.149 指定复制之后的效果　　　图 3.150 调节之后的效果　　　图 3.151 结合之后的效果

【步骤08】：选择如图 3.152 所示的模型，进行镜像关联复制，如图 3.153 所示。

【步骤09】：在菜单栏中单击 Mesh（网格）→Combine（结合）命令即可将选择的两个曲

面合并成一个曲面对象。

【步骤10】：进入合并曲面对象的 Vertex（顶点）编辑模式。使用 Edit Mesh（编辑网格）菜单下的 Merge（合并）命令缝合顶点。最终效果如图 3.154 所示。

图 3.152　选择的模型　　　　图 3.153　镜像复制之后的效果　　　　图 3.154　合并之后的效果

【步骤11】：进入模型的 Edge（边）编辑模式。选择如图 3.155 所示的边界边。

【步骤12】：在菜单栏中单击 Edit Mesh（编辑网格）→Extrude（挤出）命令，对选择边界边进行挤出。再进行位置调节。重复操作 3 次。效果如图 3.156 所示。

【步骤13】：进入模型的 Edge（边）编辑模式。选择如图 3.157 所示的边界边。

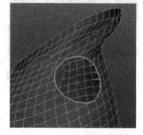

图 3.155　选择的边界边　　　　图 3.156　挤出 3 次并调节　　　　图 3.157　选择的边界边
　　　　　　　　　　　　　　　　　　　之后的效果

【步骤14】：在菜单栏中单击 Edit Mesh（编辑网格）→Extrude（挤出）命令，对选择的边界边进行挤出，再进行位置调节。重复操作 3 次，效果如图 3.158 所示。

【步骤15】：方法同上，对模型的另一边进行 Extrude（挤出）和位置调节。最终效果如图 3.159所示。

【步骤16】：进入模型的 Edge（边）编辑模式，选择如图 3.160 所示的边界边。

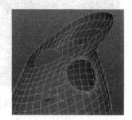

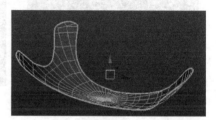

图 3.158　挤出 3 次并调节　　　　图 3.159　挤出之后的　　　　图 3.160　选择的边界边
　　　　　之后的效果　　　　　　　　　　效果

【步骤17】在菜单栏中单击 Edit Mesh（编辑网格）→Extrude（挤出）命令，对选择的边界边进行挤出，再进行位置调节。重复操作 3 次，效果如图 3.161 所示。

【步骤18】将制作好的机器猫身体模型全部显示，再根据参考图进行适当缩放和位置调节。最终效果如图 3.162 所示。

【步骤19】根据参考图，赋予机器猫身体基本颜色，方便后期进行调节。最终效果如图 3.163 所示。

【步骤20】将制作好的头部模型也显示出来，最终效果如图 3.164 所示。

   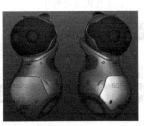

图 3.161　挤出 3 次并调节　　图 3.162　调节　　图 3.163　调节　　图 3.164　身体最终效果
　　　　　之后的效果　　　　　之后最终效果　　　之后的效果

【视频播放】具体操作步骤，请观看配套视频"任务四：制作机器猫身体的其他部分.wmv"。

七、拓展训练

运用案例 2 所学知识，根据所给参考图制作机器人的身体模型。

案例 3：机器猫四肢、尾巴和装饰品模型的制作

一、案例内容简介

本案例详细介绍了三维动画师（建模方向）考试样题中机器猫四肢、尾巴和装饰品模型的制作原理、方法、技巧以及布线。

二、案例效果欣赏

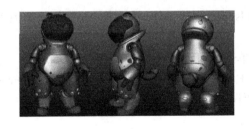

三、案例制作流程（步骤）及技巧分析

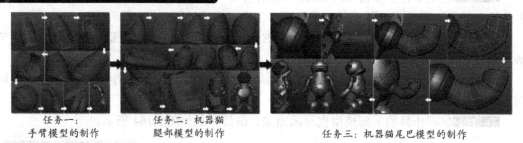

任务一：
手臂模型的制作

任务二：机器猫
腿部模型的制作

任务三：机器猫尾巴模型的制作

四、制作目的

通过机器猫四肢、尾巴和装饰品模型的制作，使读者熟练掌握机械运动原理、机械模型制作思路以及机械相关基础知识。

五、制作过程中需要解决的问题

（1）机器猫的手臂、腿部和尾巴的结构特征。

（2）手臂、腿部和尾巴模型制作的整体思路。

（3）理解手臂、腿部和尾巴的活动规律。

（4）注意机器猫手臂、腿部和尾巴建模细节。

六、详细操作步骤

在本案例中主要介绍使用 Surfaces（曲面）建模技术和 Polygon（多边形）建模技术相结合来制作机器猫四肢、尾巴和装饰品模型制作的原理、方法和技巧。通过本案例的制作，读者的建模技术的熟练程度将有一个质的飞跃。

任务一：手臂模型的制作

手臂模型的制作方法是，先使用 NURBS 圆柱体制作手臂各部分的大型。再使用曲线投射出手臂的各个部件，将其转换为 Polygon（多边形）模型。根据参考图，再对多边形进行布线和调节。

1. 制作机器猫的上手臂

1）制作上手臂的大形

【步骤01】在菜单栏中单击 Create（创建）→NURBS Primitives（NURBS 基本几何体）→Cylinder（圆柱体）命令。在视图中创建 1 个圆柱体，如图 3.165 所示。

【步骤02】在 Front（前视图）和 Side（侧视图）中，根据参考图对圆柱体进行缩放和旋转操作，效果如图 3.166 所示。

【步骤03】进入模型的 Isoparm（等参线）编辑模式，拖拽出如图 3.167 所示的 Isoparm（等参线）。

【步骤04】在菜单栏中单击 Surfaces（曲面）→Insert Isoparms（插入等参线）命令。

【步骤05】进入模型的 Hull（壳）编辑模式。根据参考图，在 Front（前视图）和 Side（侧视图）中进行缩放和位置调节。最终效果如图 3.168 所示。

图 3.165　创建的圆柱体　　　　图 3.166　调节圆柱体之后的效果　　　　图 3.167　插入等参线的位置

2）绘制手臂投射的曲线并进行投射

步骤01：在菜单栏中单击 Create（创建）→Curve Tools（曲线工具）→CV Curve Tool（CV 曲线工具）命令。在 Front（前视图）和 Side（侧视图）中绘制如图 3.169 所示的投射曲线。

步骤02：在 Front（前视图）中选择投射曲线和曲面，如图 3.170 所示。

图 3.168　调节壳线之后的　　　图 3.169　绘制的投射曲线　　　图 3.170　选择曲线和曲面
　　　　　　效果

步骤03：在菜单栏中单击 Surfaces（曲面）→Project Curve on Surface（投射曲线到曲面）命令。在曲面上即可得到如图 3.171 所示的曲线。

步骤04：在 Side（侧视图）中选择如图 3.172 所示的投射曲线和曲面。

步骤05：在菜单栏中单击 Surfaces（曲面）→Project Curve on Surface（投射曲线到曲面）命令。在曲面上即可得到如图 3.173 所示的曲线。

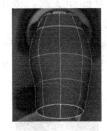

图 3.171　投射得到的曲线　　　图 3.172　选择的投射曲线和曲面　　　图 3.173　投射得到的曲线

步骤06：在菜单栏中单击 Surfaces（曲面）→Trim Tool（修剪工具）命令，在 Persp（透视图）中单选需要保留的曲面，如图 3.174 所示。

步骤07：按键盘上的"Enter"键，即可得到如图 3.175 所示的曲面。

3）将 NURBS 曲面转为 Polygon（多边形）并进行调节

[步骤01]：选择所有 NURBS 模型。在菜单栏中单击 Modify（修改）→Convert（转换）→NURBS to Polygons（NURBS 转换为多边形）→□图标，弹出【Convert NURBS to Polygons Options（NURBS 转换为多边形选项）】对话框，具体设置如图 3.176 所示。

图 3.174　选择需要
保留的曲面

图 3.175　修建之后的曲面

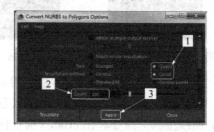

图 3.176　"NURBS 转换为多边形选项"
对话框参数设置

[步骤02]：单击 Apply（应用）按钮，即可得到如图 3.177 所示的效果。

[步骤03]：进入 Polygon（多边形）模型的 Vertex（顶点）编辑模式。根据参考图进行调节。最终效果如图 3.178 所示。

[步骤04]：进入 Polygon（多边形）模型的 Edge（边）编辑模式。选择如图 3.179 所示的边。

图 3.177　转换之后的效果

图 3.178　调节之后的效果

图 3.179　选择的边

[步骤05]：在菜单栏中单击 Edit Mesh（编辑网格）→Extrude（挤出）命令，对选择的边界边进行挤出，再进行位置调节。重复操作 3 次。效果如图 3.180 所示。

[步骤06]：选择如图 3.181 所示的边界边。

[步骤07]：在菜单栏中单击 Edit Mesh（编辑网格）→Extrude（挤出）命令，对选择的边界边进行挤出，再进行位置调节。重复操作 3 次，效果如图 3.182 所示。

图 3.180　挤出 3 次并调节
之后的效果

图 3.181　选择的边界边

图 3.182　挤出 3 次并调节
之后的效果

2. 制作机器猫下手臂的护套

1）使用 NURBS 技术制作护套的大形

步骤01：在菜单栏中单击 Create（创建）→NURBS Primitives（NURBS 基本几何体）→Cylinder（圆柱体）命令。在视图中创建 1 个圆柱体，如图 3.183 所示。

步骤02：在 Front（前视图）和 Side（侧视图）中，根据参考图对圆柱体进行缩放和旋转操作。效果如图 3.184 所示。

步骤03：进入模型的 Isoparm（等参线）编辑模式。拖拽出如图 3.185 所示的 Isoparm（等参线）。

图 3.183　创建的圆柱体　　　图 3.184　旋转和缩放调节之后的效果　　　图 3.185　插入等参线的位置

步骤04：在菜单栏中单击 Surfaces（曲面）→Insert Isoparms（插入等参线）命令。

步骤05：进入模型的 Hull（壳）编辑模式。根据参考图，在 Front（前视图）和 Side（侧视图）中进行缩放和位置调节。最终效果如图 3.186 所示。

2）绘制投射曲线和编辑

步骤01：在菜单栏中单击 Create（创建）→Curve Tools（曲线工具）→CV Curve Tool（CV 曲线工具）命令。在 Front（前视图）和 Side（侧视图）中绘制如图 3.187 所示的投射曲线。

步骤02：在 Side（侧视图）中选择如图 3.188 所示的投射曲线和曲面。

图 3.186　调节壳线　　　　图 3.187　绘制的曲线　　　图 3.188　选择进行投射的
　　　　　之后的效果　　　　　　　　　　　　　　　　　　　　曲线和曲面

步骤03：在菜单栏中单击 Surfaces（曲面）→Project Curve on Surface（投射曲线到曲面）命令。在曲面上即可得到如图 3.189 所示的曲线。

步骤04：在 Front（前视图）中选择如图 3.190 所示的投射曲线和曲面。

步骤05：在菜单栏中单击 Surfaces（曲面）→Project Curve on Surface（投射曲线到曲面）命令。在曲面上即可得到如图 3.191 所示的曲线。

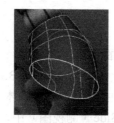

图 3.189　投射得到的曲线　　　图 3.190　选择进行投射的曲线和曲面　　　图 3.191　投射得到的曲线

【步骤06】：将投射曲线的曲面复制一份隐藏。

【步骤07】：在菜单栏中单击 Surfaces（曲面）→Trim Tool（修剪工具）命令，在 Persp（透视图）中单选需要保留的曲面，如图 3.192 所示。

【步骤08】：按键盘上的"Enter"键，即可得到如图 3.193 所示的曲面。

【步骤09】：将隐藏的曲面显示出来并选中。在菜单栏中单击 Surfaces（曲面）→Trim Tool（修剪工具）命令，在 Persp（透视图）中单选需要保留的曲面，如图 3.194 所示。

图 3.192　选择需要保留的曲面　　　图 3.193　修剪之后的效果　　　图 3.194　选择需要保留的曲面

【步骤10】：按"Enter"键，即可得到如图 3.195 所示的曲面。

【步骤11】：在菜单栏中单击 Create（创建）→Curve Tools Curve Tools（曲线工具）→CV Curve Tool（CV 曲线工具）命令。在 Side（侧视图）中绘制如图 3.196 所示的投射曲面。

【步骤12】：先选择曲面，再选择要进行投射的曲线，如图 3.197 所示。

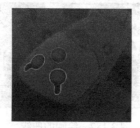

图 3.195　投射得到的效果　　　图 3.196　绘制的投射曲线　　　图 3.197　选择的曲面和投射曲线

【步骤13】：在菜单栏中单击 Surfaces（曲面）→Project Curve on Surface（投射曲线到曲面）命令。在曲面上即可得到如图 3.198 所示的投射曲线。

【步骤14】：将投射的曲面复制一份，再将其隐藏。

【步骤15】：在菜单栏中单击 Surfaces（曲面）→Trim Tool（修剪工具）命令，在 Persp（透视图）中单选需要保留的曲面，如图 3.199 所示。

【步骤16】：按键盘上的"Enter"键，即可得到如图 3.200 所示的曲面。

【步骤17】将"步骤14"所隐藏的投射曲面显示出来,在菜单中单击 Surface(曲面)→
Trim Tool(修剪工具)命令,在 Persp(透视图)中单选需要保留的曲面,如图 3.201 所示。

【步骤18】按"Enter"键,即可得到如图 3.202 所示的曲面。

【步骤19】在菜单栏中单击 Create(创建)→Curve Tools(曲线工具)→CV Curve Tool
(CV 曲线工具)命令。在 Front(前视图)和 Side(侧视图)中绘制如图 3.203 所示的投射
曲线。

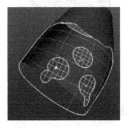
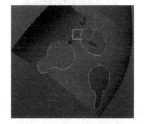

图 3.198　投射得到的曲线　　图 3.199　选择需要保留的曲面　　图 3.200　投射得到的曲面

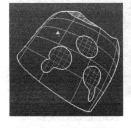

图 3.201　选择需要　　图 3.202　修剪之后的　　图 3.203　绘制的投射曲线
　保留的面　　　　　　效果

【步骤20】在 Side(侧视图)中绘制如图 3.204 所示投射曲线和曲面。

【步骤21】将选择的"步骤14"隐藏的投射曲面显示出来,在菜单栏中单击 Surfaces(曲
面)→Trim Tool(修剪工具)命令,在 Persp(透视图)中单选需要保留的曲面。如图 3.205
所示。

【步骤22】按键盘上的"Enter"键,即可得到如图 3.206 所示的曲面。

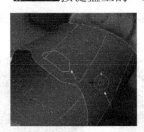
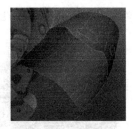
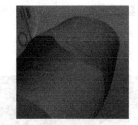

图 3.204　选择的投射曲线和曲面　　图 3.205　投射得到的曲线　　图 3.206　删除多余投射曲线的效果

【步骤23】在 Front(前视图)中绘制如图 3.207 所示投射曲线和曲面。

【步骤24】在菜单栏中单击 Surfaces(曲面)→Project Curve on Surface(投射曲线到曲面)
命令。在曲面上即可得到如图 3.208 所示的曲线。

【步骤25】在菜单栏中单击 Surfaces（曲面）→Trim Tool（修剪工具）命令，在 Persp（透视图）中单选需要保留的曲面，如图 3.209 所示。

【步骤26】按键盘上的"Enter"键，即可得到如图 3.210 所示的曲面。

【步骤27】在菜单栏中单击 Surfaces（曲面）→Trim Tool（修剪工具）命令，在 Persp（透视图）中单选需要保留的曲面，如图 3.211 所示。

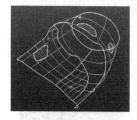

图 3.207　选择的投射曲线和曲面　　图 3.208　投射得到的曲线　　图 3.209　选择需要保留的曲面

【步骤28】按键盘上的"Enter"键，即可得到如图 3.212 所示的曲面。

图 3.210　投射之后的效果　　图 3.211　选择需要保留的曲面　　图 3.212　投射之后的效果

【步骤29】将所有修剪后的曲面显示出来，最终效果如图 3.213 所示。

3）将 NURBS 模型转为 Polygon（多边形）并进行调节

【步骤01】在 Persp（透视图）中选择所有 NURBS 曲面。

【步骤02】在菜单栏中单击 Modify（修改）→Convert（转换）→NURBS to Polygons（NURBS 转换为多边形）→回图标。弹出【Convert NURBS to Polygons Options（NURBS 转换为多边形选项）】对话框，具体设置如图 3.214 所示。

【步骤03】单击 Apply（应用）按钮即可转换为 Polygon（多边形）对象，如图 3.215 所示。

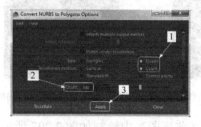

图 3.213　修剪之后的最终效果　　图 3.214　"NURBS 转换为多边形选项"对话框参数设置　　图 3.215　转换之后的效果

[步骤04]：使用 Multi-Cut（多项剪切）、Insert Edge Loop（插入环形边）、Merge（合并）、▣（合并顶点/边界变工具）和 Delete Edge/Vertex（删除边/顶点）命令对模型进行布线。最终布线效果如图 3.216 所示。

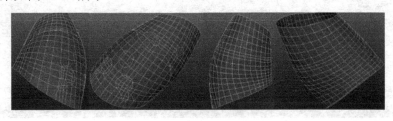

图 3.216　最终的布线效果

[提示]：为了提高工作效率，在 Maya 中，将✎Multi—Cut（多项剪切）、▣Insert Edge Loop Tool（插入环形边）、▣Merge（缝合顶点）、▣Merge Vertex Tool（缝合顶点工具）、▣Delete Edge/Vertex（删除边/顶点）、▣Extrude（挤出）和 History（历史）命令以及常用的建模工具放置到自己定义的工具架中方便使用。

4）对完成布线的多边形模型进行挤出和调节

[步骤01]：进入模型的 Edge（边）编辑模式，选择如图 3.217 所示的边界边。

[步骤02]：在菜单栏中单击 Edit Mesh（编辑网格）→Extrude（挤出）命令，对选择的边界边进行挤出，再进行位置调节。重复操作 3 次，效果如图 3.218 所示。

[步骤03]：进入模型的 Edge（边）编辑模式。选择如图 3.219 所示的边界边。

图 3.217　选择的边界边　　　图 3.218　挤出 3 次并调节之后的效果　　　图 3.219　选择的边界边

[步骤04]：在菜单栏中单击 Edit Mesh（编辑网格）→Extrude（挤出）命令，对选择的边界边进行挤出，再进行位置调节，重复操作 3 次，效果如图 3.220 所示。

[步骤05]：进入模型的 Edge（边）编辑模式。选择如图 3.221 所示的边界边。

[步骤06]：在菜单栏中单击 Edit Mesh（编辑网格）→Extrude（挤出）命令，对选择的边界边进行挤出，再进行位置调节，重复操作 3 次，效果如图 3.222 所示。

图 3.220　挤出 3 次并调节　　　图 3.221　选择的边界边　　　图 3.222　挤出 3 次并调节
　　　　之后的效果　　　　　　　　　　　　　　　　　　　　　　之后的效果

[步骤07]:方法同上，对其他需要进行挤出和调节的边界边进行挤出和调节，最终效果如图 3.223 所示。

图 3.223　调节之后的最终效果

3. 制作手臂的连接模型

手臂的连接模型制作比较简单，在这里主要使用 Polygon（多边形）建模技术中的基本几何体创建、Extrude（挤出）、▨Multi—Cut（多切割）和▨Insert Edge Loop Tool（插入环形边）等命令来实现。具体操作方法如下。

[步骤01]:在菜单栏中单击 Create（创建）→NURBS Primitives（NURBS 基本几何体）→Cylinder（圆柱体）命令。在 Persp（透视图）中创建如图 3.224 所示的圆柱体。

[步骤02]:进入圆柱体的 Face（面）编辑模式。将圆柱体的两个顶面删除，如图 3.225 所示。

[步骤03]:在菜单栏中单击 Mesh Tools（网格工具）→Insert Edge Loop（插入环形边）命令。在 Front（前视图）中根据参考插入如图 3.226 所示的环形边。

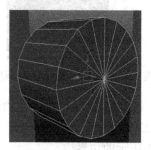　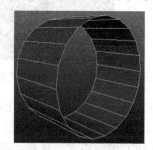　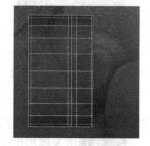

图 3.224　创建的圆柱体　　　图 3.225　删除上下顶面的效果　　　图 3.226　插入的环形边

[步骤04]:进入圆柱体的 Face（面）编辑模式。选择如图 3.227 所示的环形面。

[步骤05]:在菜单栏中单击 Edit Mesh（编辑网格）→Extrude（挤出）命令，对选择的边界边进行挤出，再进行位置调节。重复操作 3 次，效果如图 3.228 所示。

[步骤06]:在菜单栏中单击 Mesh Tools（网格工具）→Multi-Cut（多切割）命令，在视图中添加如图 3.229 所示的边。

[步骤07]:进入模型的 Face（面）编辑模式。将不需要的面删除，如图 3.230 所示。

[步骤08]:进入模型的 Edge（边）选择模式，选择如图 3.231 所示的边界边。

图 3.227　选择的
环形面

图 3.228　挤出 3 次并
调节之后的效果

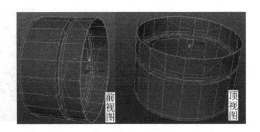

图 3.229　添加的切割线

【步骤09】在菜单栏中单击 Edit Mesh（编辑网格）→Extrude（挤出）命令，对选择的边界边进行挤出，再进行位置调节。重复操作 3 次，效果如图 3.232 所示。

图 3.230　删除多余面之后的效果

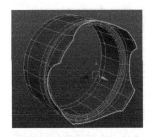

图 3.231　选择的边界边

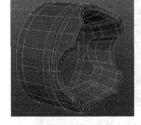

图 3.232　挤出 3 次并调节之后的效果

【步骤10】根据参考图对边进行适当缩放和旋转操作，最终效果如图 3.233 所示。

【步骤11】在菜单栏中单击 Create（创建）→NURBS Primitives（NURBS 基本几何体）→Sphere（球体体）命令。在 Persp（透视图）中创建如图 3.234 所示的球体。

【步骤12】进入球体的 Edge（边）编辑模式，选择如图 3.235 所示的边。

图 3.233　调节之后的最终效果

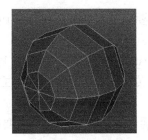

图 3.234　创建的球体

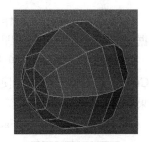

图 3.235　选择的边

【步骤13】在菜单栏中单击 Edit Mesh（编辑网格）→Bevel（倒角）命令，具体设置如图 3.236 所示。

【步骤14】单击 Apply（应用）即可得到如图 3.237 所示的效果。

【步骤15】进入模型的 Face（面）编辑模式，选择如图 3.238 所示的环形面。

【步骤16】在菜单栏中单击 Edit Mesh（编辑网格）→Extrude（挤出）命令，对选择的边界边进行挤出，再进行位置调节。重复操作 3 次，效果如图 3.239 所示。

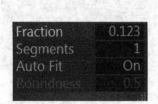

Fraction	0.123
Segments	1
Auto Fit	On
Roundness	0.5

图 3.236　倒角参数　　　　图 3.237　倒角之后的效果　　　　图 3.238　选择的环形面

【步骤17】选择如图 3.240 所示的面。在菜单栏中单击 Edit Mesh（编辑网格）→Extrude（挤出）命令，对选择的边界边进行挤出，再进行位置调节。重复操作 2 次，效果如图 3.241 所示。

图 3.239　挤出三次并调节　　　图 3.240　选择需要挤出的面　　　图 3.241　挤出 2 次并调节
　　　　　之后的效果　　　　　　　　　　　　　　　　　　　　　　　　　之后的效果

【步骤18】将制作好的模型复制一个，根据参考图，对模型进行旋转、缩放和位置调节。最终效果如图 3.242 所示。

4. 制作机器猫的手掌模型

机器猫手掌模型的制作，主要通过对立方体进行加边和挤出制作手掌的大致形状，再根据参考图进行细节调节即可。具体制作方法如下。

【步骤01】在菜单栏中单击 Create（创建）→NURBS Primitives（NURBS 基本几何体）→Cube（立方体）命令。使用旋转和缩放工具对创建的立方体进行旋转和缩放操作。最终效果如图 2.243 所示。

【步骤02】进入模型的 Face（面）编辑模式。选择需要挤出的面，如图 3.244 所示。

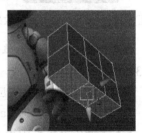

图 3.242　调节之后最终的效果　　　图 3.243　创建的立方体　　　图 3.244　选择需要挤出的面

【步骤03】：在菜单栏中单击 Edit Mesh（编辑网格）→Exterude（挤出）命令，对选择的面进行挤出，如图 3.245 所示。

【步骤04】：根据参考图，分别在模型的 Vertex（顶点）和 Edge（边）模式中对模型的形态进行调节。最终效果如图 3.246 所示。

【步骤05】：在菜单栏中单击 Mesh Tools（网格工具）→Insert Edge Loop（插入环形边）命令，插入如图 3.247 所示的环形边。

图 3.245　挤出之后的效果　　　图 3.246　调节之后的效果　　　图 3.247　插入的环形边

【步骤06】：根据参考图，分别在模型的 Vertex（顶点）和 Edge（边）模式中对模型的形态进行调节。最终效果如图 3.248 所示。

【步骤07】：删除手掌与手臂连接处的面，并进行适当调节，如图 3.249 所示。

【步骤08】：在菜单栏中单击 Mesh Tools（网格工具）→Insert Edge Loop（插入环形边）命令，插入环形边并根据参考图进行调节，最终效果如图 3.250 所示。

 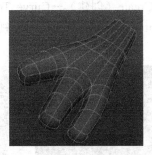 

图 3.248　调节之后的最终效果　　　图 3.249　删除多余面并　　　图 3.250　插入环形边并
　　　　　　　　　　　　　　　　　　调节之后的效果　　　　　　　　调节之后的效果

【步骤09】：将身体和头部模型显示出来，对手掌的位置进行适当调节。最终效果如图 3.251 所示。

【步骤10】：为了后期材质的调节，给每一个模型一个基础材质，如图 3.252 所示。

【步骤11】：按键盘上的"Ctrl+G"组合键，将整个手臂成一个组。

【步骤12】：将成组的手臂对称复制一支。最终效果如图 3.253 所示。

图 3.251 手掌的位置   图 3.252 添加材质后的效果   图 3.253 手臂的最终效果

具体操作步骤，请观看配套视频"任务一：手臂模型的制作.wmv"。

任务二：机器猫腿部模型的制作

机器猫腿部模型主要分大腿护套、鞋护套、机器猫腿部和脚模型。只要使用 NURBS 技术与 Polygon 技术相接合来制作。

1. 制作机器猫的大腿和护套

1）制作机器猫大腿的大型

【步骤01】：在菜单栏中单击 Create（创建）→NURBS Primitives（NURBS 基本几何体）→Cylinder（圆柱体）命令。在 Top（顶视图）中创建一个圆柱体。

【步骤02】：根据参考图，进入模型的 Control Vertex（控制点）编辑模式，在 Front（前视图）和 Side（侧视图）中调节控制点。最终调节效果如图 3.254 所示。

【步骤03】：在菜单栏中单击 Create（创建）→Curve Tools（曲线工具）→CV Curve Tool（CV 曲线工具）命令。在 Front（前视图）和 Side（侧视图）中绘制如图 3.255 所示的投射曲线。

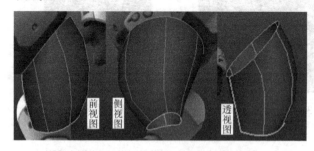

图 3.254 调节之后的圆柱体效果   图 3.255 绘制的投射曲线

【步骤04】：在 Front（前视图）中选择如图 3.256 所示的曲线和曲面。在菜单栏中单击 Surfaces（曲面）→Project Curve on Surface（投射曲线到曲面）命令进行投射。

【步骤05】：在 Front（前视图）中选择如图 3.257 所示的曲线和曲面。在菜单栏中单击 Surfaces（曲面）→Project Curve on Surface（投射曲线到曲面）命令进行投射。两次投射之后，在曲面上的投射线如图 3.258 所示。

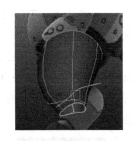

图 3.256　选择的曲线和曲面　　图 3.257　选择的曲线和曲面　　图 3.258　投射得到曲线

【步骤06】：在菜单栏中单击 Surfaces（曲面）→Trim Tool（修剪工具）命令，在 Persp（透视图）中单选需要保留的曲面，如图 3.259 所示。

【步骤07】：按键盘上的"Enter"键，即可得到如图 3.260 所示的曲面。

【步骤08】：将修剪之后的曲面复制一份并隐藏，作为后面的大腿模型。

2）绘制投射曲线并进行投射和修剪操作

【步骤01】：在菜单栏中单击 Create（创建）→Curve Tools（曲线工具）→CV Curve Tool（CV 曲线工具）命令。在 Front（前视图）和 Side（侧视图）中绘制如图 3.261 所示的投射曲线。

图 3.259　选择需要保留的曲面　　图 3.260　修剪之后的效果　　图 3.261　绘制的曲线

【步骤02】：在 Front（前视图）中选择如图 3.262 所示的投射曲线和曲面。

【步骤03】：在菜单栏中单击 Surfaces（曲面）→Project Curve on Surface（投射曲线到曲面）命令进行投射。

【步骤04】：在 Side（侧视图）中选择如图 3.263 所示的曲线和曲面。在菜单栏中单击 Surfaces（曲面）→Project Curve on Surface（投射曲线到曲面）命令进行投射。两次投射之后，在曲面上的投射线如图 3.264 所示。

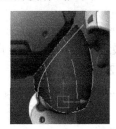

图 3.262　选择曲线和曲面　　图 3.263　选择的曲线和曲面　　图 3.264　投射得到的曲线

【步骤05】：在菜单栏中单击 Surfaces（曲面）→Trim Tool（修剪工具）命令，在 Persp（透视图）中单选需要保留的曲面，如图 3.265 所示。

【步骤06】：按键盘上的"Enter"键，即可得到如图 3.266 所示的曲面。

【步骤07】：在菜单栏中单击 Create（创建）→Curve Tools（曲线工具）→CV Curve Tool（CV 曲线工具）命令。在 Front（前视图）中绘制如图 3.267 所示的投射曲线。在 Side（侧视图）中绘制如图 3.268 所示的投射曲线。

图 3.265　选择需要保留的曲面　　　图 3.266　修剪之后的曲面　　　图 3.267　绘制的投射曲线

【步骤08】：在 Front（前视图）中选择如图 3.269 所示的投射曲线和曲面。在菜单栏中单击 Surfaces（曲面）→Project Curve on Surface（投射曲线到曲面）命令进行投射。

【步骤09】：在 Side（侧视图）中选择如图 3.270 所示的投射曲线和曲面。在菜单栏中单击 Surfaces（曲面）→Project Curve on Surface（投射曲线到曲面）命令进行投射。两次投射之后，在曲面上的投射线如图 3.271 所示。

图 3.268　绘制的投射曲线　　图 3.269　选择的投射曲线和曲面　　图 3.270　选择的投射曲线和曲面

【步骤10】：将投射有曲线的曲面复制一份，将其隐藏作为备用。

【步骤11】：在菜单栏中单击 Surfaces（曲面）→Trim Tool（修剪工具）命令，在 Persp（透视图）中单选需要保留的曲面，如图 3.272 所示。

【步骤12】：按键盘上的"Enter"键，即可得到如图 3.273 所示的曲面。

【步骤13】：将隐藏的曲面显示出来，进行 Tirm（修剪）操作，最终效果如图 3.274 所示。

【步骤14】：将两个修剪好的曲面同时显示出来，最终效果如图 3.275 所示。

【步骤15】：方法同上，将前面绘制好的投射曲线与曲面进行投射，再进行修剪操作。最终效果如图 3.276 所示。

3）将修剪好的 NURBS 曲面转为 Polygon（多边形）并进行调节

【步骤01】：选择如图 3.277 所示的 NURBS 曲面。

图 3.271　投射得到的曲线

图 3.272　选择需要保留的曲面

图 3.273　修剪之后的曲面效果

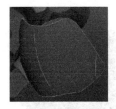

图 3.274　修剪之后的效果

图 3.275　修剪得到的两个曲面

图 3.276　修剪得到的最终效果

【步骤02】：选择所有 NURBS 模型。在菜单栏中单击 Modify（修改）→Convert（转换）→NURBS to Polygons（NURBS 转换为多边形）→□命令。弹出【Convert NURBS to Polygons Options（NURBS 转换为多边形选项）】对话框，具体设置如图 3.278 所示。

【步骤03】：单击 Apply（应用）按钮即可得到如图 3.279 所示的效果。

图 3.277　选择的
NURBS 曲面

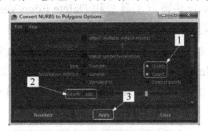

图 3.278　"NURBS 转换为多边形选项"
对话框参数设置

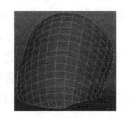

图 3.279　转换之后的效果

【步骤04】：使用 Multi-Cut（多切割）、Insert Edge Loop Tool（插入环形边）、Merge（缝合顶点）、Merge Vertex Tool（合并顶点工具）和 Delete Edge/Vertex（删除边/顶点）命令对模型进行布线。最终布线效果如图 3.280 所示。

【步骤05】：进入模型的 Edge（边）编辑模式，选择如图 3.281 所示边界边。

【步骤06】：在菜单栏中单击 Edit Mesh（编辑网格）→Extrude（挤出）命令，对选择的边界边进行挤出，再进行位置调节。重复操作 5 次，效果如图 3.282 所示。

【步骤07】：选择如图 3.283 所示边界边。在菜单栏中单击 Edit Mesh（编辑网格）→Extrude（挤出）命令，对选择的边界边进行挤出，再进行位置调节，重复操作 2 次，效果如图 3.284 所示。

图 3.280　调节之后的布线效果　　图 3.281　选择的边界边　　图 3.282　挤出 5 次并调节之后的效果

步骤08：选择需要转换的 NURBS 模型。将其转换为 Polygon（多边形）模型，转换的方法和参数设置同上。最终效果如图 3.285 所示。

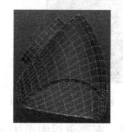
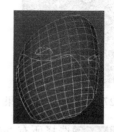

图 3.283　选择的边界边　　　图 3.284　挤出 2 次并调节　　图 3.285　转换之后的效果
　　　　　　　　　　　　　　　　　　　之后的效果

步骤09：使用 Multi-cut（多项剪切）、Insert Edge Loop Tool（插入环形边）、Merge（缝合顶点）、Merge Vertex Tool（合并顶点工具）和 Delete Edge/Vertex（删除边/顶点）命令对模型进行布线。最终布线效果如图 3.286 所示。

步骤10：方法同上，进入模型的 Edge（边）编辑模式，选择模型的边界边。使用 Edit Mesh（编辑网格）菜单下的 Extrude（挤出）命令进行挤出和调节。最终效果如图 3.287 所示。

步骤11：制作膝盖护套上的螺丝。Create（创建）→NURBS Primitives（NURBS 基本几何体）→Cylinder（圆柱体）命令，在 Front（前视图）中创建一个圆柱体。

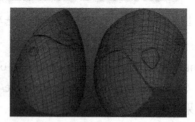

图 3.286　调节之后的最后布线效果　　图 3.287　挤出并调节之后的效果　　图 3.288　创建的圆柱体

步骤12：选择圆柱体顶面，在菜单栏中单击 Edit Mesh（编辑网格）→Extrude（挤出）命令，对选择的边界边进行挤出，再进行位置调节。重复操作 3 次，效果如图 3.289 所示。

步骤13：进入模型的 Edge（边）编辑模式，选择如图 3.290 所示的环形边。

步骤14：在菜单栏中单击 Edit Mesh（编辑网格）→Bevel（倒角）→□图标，弹出【Bevel Options（倒角选项）】对话框，具体设置如图 3.291 所示。

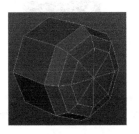

图 3.289　挤出 3 次并调节
之后的效果

图 3.290　选择的
环形边

图 3.291　"倒角选项"对话框参数设置

【步骤15】：单击 Apply（应用）按钮即可得到如图 3.292 所示的效果。

【步骤16】：将制作好的螺丝复制 2 颗，根据参考图调节好位置，最终效果如 3.293 所示。

2．制作机器猫的脚和护套

机器猫的脚和护套制作原理与前面提到的制作原理基本相同，使用 NURBS 基本几何体搭建模型的大形，根据参考图，绘制投射曲线进行投射，将投有曲线的曲面进行修剪，将修剪曲面转为 Polygon（多边形），再对转为 Polygon（多边形）的模型进行调节和编辑即可。

1）制作脚的大型和绘制投射曲线

【步骤01】：在菜单栏中单击 Create（创建）→NURBS Primitives（NURBS 基本几何体）→Sphere（球体）命令。在 Front（前视图）中创建一个球体。

【步骤02】：在 Front（前视图）和 Side（侧视图）中对球体进行旋转操作，尽量与参考图匹配。如图 3.294 所示。

图 3.292　倒角之后的
效果

图 3.293　复制并
调节位置的螺丝效果

图 3.294　创建的球体位置和效果

【步骤03】：进入球体的 Isoparm（等参线）编辑模式。选择如图 3.295 所示的等参线。

【步骤04】：在菜单栏中单击 Surfaces（编辑 NURBS）→Detach（分离）命令，即可将曲面沿选择的 Isoparm（等参线）位置处分离。将不需要的曲面删除，如图 3.296 所示。

【步骤05】：分别进入 NURBS 模型的 Hull（壳）和 Control Vertex（控制点）编辑模式。根据参考图进行调节，最终效果如图 3.297 所示。

【步骤06】：在菜单栏中单击 Create（创建）→Curve Tools（曲线工具）→CV Curve Tool（CV 曲线工具）命令。根据参考图，在 Front（前视图）中绘制如图 3.298 所示的曲线，在 Side（侧视图）中绘制如图 2.299 所示的曲线。

图 3.295　选择的等参线　　　图 3.296　删除多余面之后的效果　　　图 3.297　调节壳线之后的效果

【步骤07】：在 Side（侧视图）中选择投射曲线和曲面。在菜单栏中单击 Surfaces（曲面）→Project Curve on Surface（投射曲线到曲面）命令进行投射，得到投射曲线，如图 3.300 所示。

【步骤08】：在 Front（前视图）中选择一条投射曲线和曲面进行投射。再选择另一条投射曲线与曲面进行投射。投射之后得到的曲线如图 3.301 所示。选择保留的投射曲面，如图 3.302 所示。修剪之后的效果如图 3.303 所示。

图 3.298　绘制的曲线　　　　图 3.299　绘制的曲线　　　　图 3.300　投射得到的曲线

图 3.301　投射得到的曲线　　　图 3.302　选择需要保留的投射曲面　　　图 3.303　修剪之后的效果

【步骤09】：方法同上，根据参考图，绘制投射曲线与曲面进行投射，使用 Trim（修剪）命令进行修剪，最终效果如图 3.304 所示。

【步骤10】：在 Front（前视图）中根据前视参考图绘制如图 3.305 所示的投射曲线。

【步骤11】：在 Front（前视图）中根据背视参考图绘制如图 3.306 所示的投射曲线。

【步骤12】：根据背视参考图绘制的投射曲线与曲面进行投射，得到如图 3.307 所示的投射曲线。

【步骤13】：根据前视参考图绘制的投射曲线与曲面进行投射，得到如图 3.308 所示的投射曲线。

【步骤14】：将投射有曲线的曲面复制一份将其隐藏。

图 3.304 继续投射修剪之后的效果

图 3.305 绘制投射曲线

图 3.306 绘制的投射曲线

【步骤15】：在菜单栏中单击 Surfaces（曲面）→ Trim Tool（修剪工具）命令，在 Persp（透视图）中单选需要保留的曲面，如图 3.309 所示。

图 3.307 投射得到的曲线

图 3.308 投射得到的曲线

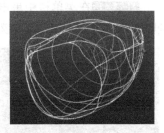

图 3.309 选择需要保留的曲面

【步骤16】：按键盘上的"Enter"键，即可得到如图 3.310 所示的曲面。

【步骤17】：将其隐藏的曲面显示出来。在菜单栏中单击 Surfaces（曲面）→Trim Tool（修剪工具）命令，在 Persp（透视图）中单选需要保留的曲面，如图 3.311 所示。

【步骤18】：按键盘上的"Enter"键，即可得到如图 3.312 所示的曲面。

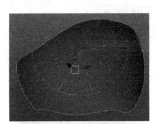

图 3.310 修剪之后的曲面

图 3.311 选择需要保留的曲面

图 3.312 修剪之后的效果

【步骤19】：将所有修剪好的曲面都显示出来。最终效果如图 3.313 所示。

2）将修剪曲面转为 Polygon（多边形）并进行调节

【步骤01】：选择所有 NURBS 模型。在菜单栏中单击 Modify（修改）→Convert（转换）→NURBS to Polygons（NURBS 转换为多边形）→□命令。弹出【Convert NURBS to Polygons Options（NURBS 转换为多边形选项）】对话框，具体设置如图 3.314 所示。

【步骤02】：单击 Apply（应用）按钮即可得到如图 3.315 所示的效果。

【步骤03】：使用 Multi-cut（多项剪切）、Insert Edge Loop Tool（插入环形边）、Merge（缝合顶点）、Merge Vertex Tool（合并顶点工具）和 Delete Edge/Vertex（删除边/顶点）命令对模型进行布线。最终布线效果如图 3.316 所示。

图 3.313　修剪完之后的
最终效果

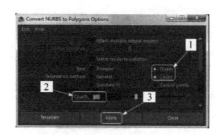

图 3.314　"NURBS 转换为
多边形选项"参数设置对话框

图 3.315　转换之后的效果

【步骤04】：进入模型的 Vertex（顶点）编辑模式，根据参考图选择如图 3.317 所示的顶点。

【步骤05】：在菜单栏中单击 Edit Mesh（编辑网格）→Chamfer Vertices（切角顶点）命令，即可得到如图 3.318 所示的效果。

图 3.316　最终布线效果

图 3.317　选择的顶点

图 3.318　切角之后的效果

【步骤06】：使用 Multi-cut（多切割），给模型添加 4 条边并进行调节，如图 3.319 所示。

【步骤07】：进入模型的 Face（面）编辑模式。选择需要挤出的面，使用 Extrude（挤出）命令进行挤出和调节，重复挤出 5 次和调节。最终效果如图 3.320 所示。

【步骤08】：进入模型的 Vertex（顶点）编辑模式，根据参考图选择如图 3.321 所示的顶点。

图 3.319　添加边并调节之后的效果

图 3.320　挤出 5 次并调节
之后的效果

图 3.321　选择的顶点

【步骤09】：在菜单栏中单击 Edit Mesh（编辑网格）→Chamfer Vertices（切角顶点）命令，使用 Multi-cut（多切角），给模型添加 4 条边并进行调节，如图 3.322 所示。

【步骤10】：进入模型的 Face（面）选择模式，选择如图 3.323 所示的面。

【步骤11】：进入模型的 Face（面）编辑模式。选择需要挤出的面，使用 Extrude（挤出）命令进行挤出和调节，重复挤出 5 次和调节。最终效果如图 3.324 所示。

图 3.322　切角、添加边和调节
之后的效果

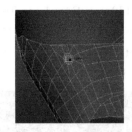

图 3.323　选择需要挤出的面

图 3.324　挤出 5 次并调节
之后的效果

【步骤12】单选脚跟护套曲面模型，进入 Faec（面）编辑模式，选择如图 3.325 所示的面。

【步骤13】进入模型的 Face（面）编辑模式。选择需要挤出的面，使用 Extrude（挤出）命令进行挤出和调节，重复挤出 2 次和调节。最终效果如图 3.326 所示。

【步骤14】进入模型的边编辑模式，选择如图 3.327 所示的边界边。

图 3.325　选择需要挤出的面

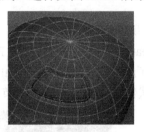

图 3.326　挤出 2 次和调节之后的效果

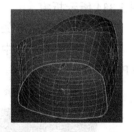

图 3.327　选择的边界边

【步骤15】使用 Extrude（挤出）命令进行挤出和调节，重复挤出 1 次和调节。最终效果如图 3.328 所示。

【步骤16】方法同上，对剩余的两个边界边进行挤出和调节。最终效果如图 3.329 所示。

3）制作脚和脚趾模型

脚和脚趾模型的制作原理是，使用 Polygon（多边形）基本几何体中的 Cube（立方体）作为基本体，添加边和环形边，进入模型的 Vertex（顶点）编辑模式，根据参考图进行调节。

【步骤01】在 Top（顶视图）中创建一个如图 3.310 所示的立方体。

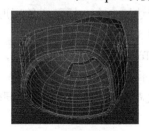

图 3.328　挤出并调节
之后的效果

图 3.329　挤出并调节
之后的效果

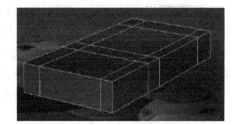

图 3.330　创建的立方体

【步骤02】进入模型的 Vertex（顶点）编辑模式。根据参考图进行调节。最终效果如图 3.331 所示。

[步骤03]：使用 Extrude（挤出）和 Insert Edge Loop Tool（插入环形边）命令插入环形边，根据参考图对模型进行挤出和调节。最终效果如图 3.332 所示。

[步骤04]：根据参考图，在 Front（前视图）和 Side（侧视图）中对模型进行旋转、缩放和顶点调节。最终效果如图 3.333 所示。

图 3.331　调节之后的效果　　　图 3.332　挤出和调节之后的效果　　　图 3.333　调节之后的效果

[步骤05]：选择 Edge（边），对选择的边进行 Bevel（倒角）和缩放处理，即可做出如图 3.334 所示折痕。

[步骤06]：创建一个如图 3.335 所示的管状体。

[步骤07]：在菜单栏中单击 Create（创建）→NURBS Primitives（NURBS 基本几何体）→Pipe（管状体）命令。在 Top（前视图）中创建一个如图 3.335 所示的模型。

[步骤08]：根据参考图，对管状体进行缩放和适当调节，最终效果如图 3.336 所示。

 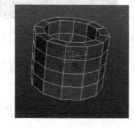 

图 3.334　倒角边并调节之后的效果　　　图 3.335　创建的管状体　　　图 3.336　调节之后的效果

[步骤09]：在菜单栏中单击 Crerate（创建）→NURBS Primitives（NURBS 基本几何体）→Cylinder（圆柱体）命令。在 Top（顶视图）中创建一个圆柱体。

[步骤10]：根据参考图，使用 Insert Edge Loop Tool（插入环形边）命令，插入 4 条环形边。对插入的环形边进行适当的缩放和位置调节。最终效果如图 3.337 所示。

[步骤11]：在透视图中创建一个立方体，使用 Insert Edge Loop Tool（插入环形边）命令，插入 7 条环形边，根据参考图进行调节。最终效果如图 3.338 所示。

[提示]：插入环形边的条数，要根据用户对模型要求的精确程度而定。在这里插入的环形边只供参考。

[步骤12]：根据参考图，给制作好的腿模型添加一个基础材质，方便后期材质调节。最终效果如图 3.339 所示。

[步骤13]：将制作好的腿部模型镜像复制一份，调节好位置，将前面制作好的所有模型显示出来，最终效果如图 3.340 所示。

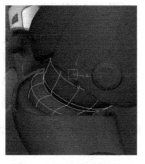

图 3.337　插入环形边并调节
之后的效果

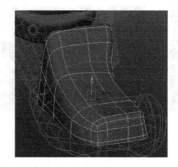

图 3.338　插入环形边并
调节之后的效果

图 3.339　添加材质之后的效果

【视频讲解】具体操作步骤，请观看配套视频"任务二：机器猫腿部模型的制作.wmv"。

任务三：机器猫尾巴模型的制作

机器猫尾巴模型的制作比较简单，主要使用一个圆柱体，通过添加环形边、对添加的
环形边进行适当的缩放和调节即可。

【步骤01】：将前面制作好的手的关节处连接的模型复制一份。放置在尾巴与身体的连接
处，如图 3.341 所示。

【步骤02】：在菜单栏中单击 Create（创建）→NURBS Primitives（NURBS 基本几何体）
→Cylinder（圆柱体）命令。在 Front（前视图）中创建一个圆柱体，如图 3.342 所示。

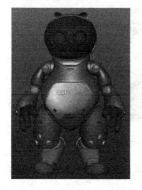

图 3.340　镜像复制之后的效果

图 3.341　尾巴的连接模型

图 3.342　创建的圆柱体

【步骤03】：进入模型的 Face（面）编辑模式。将圆柱体与身体部位连接的顶面删除。

【步骤04】：根据参考图，使用 Insert Edge Loop Tool（插入环形边）命令，插入 4 条环形
边。对插入的环形边进行适当的缩放和位置调节。最终效果如图 3.343 所示。

【步骤05】：进入模型的 Edge（边）编辑模式，选择如图 3.344 所示的环形边。

【步骤06】：在菜单栏中单击 Edit Mesh（编辑网格）→Bevel（倒角）→ 图标，弹出【Bevel
Options（倒角选项）】对话框，具体设置如图 3.345 所示。

【步骤07】：单击 Apply（应用）按钮即可得到如图 3.346 所示的效果。

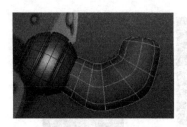

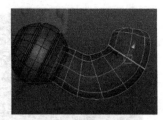

图 3.343　插入环形边并调节　　图 3.344　选择的环形边　　图 3.345　"倒角选项"对话框
　　　　之后的效果　　　　　　　　　　　　　　　　　　　　　　　　参数设置

【步骤08】：进入模型的 Edge（边）编辑模式，选择如图 3.347 所示的环形边，使用缩放命令对选择的环形边进行缩放操作。最终效果如图 3.348 所示。

图 3.346　倒角之后的效果　　　图 3.347　选择的环形边　　　图 3.348　调节之后的效果

【步骤09】：根据参考图，给机器猫的尾巴添加一个基础材质，方便后期材质的调节，如图 3.49 所示。

【步骤10】：将前面制作好的机器猫的其他部分也显示出来。最终效果如图 3.350 所示。

图 3.349　添加材质的尾巴效果　　　　　图 3.350　机器猫的最终效果

【视频播放】具体操作步骤，请观看配套视频"任务三：机器猫尾巴模型的制作.wmv"。

七、拓展训练

运用案例 3 所学知识，根据所给参考图制作机器人的四肢模型。

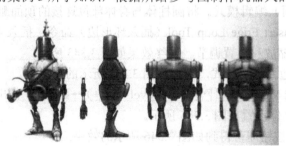

第4章 人体模型的制作

说明：

本章主要通过3个案例介绍使用 Maya 2017 中的 Polygon（多边形）建模技术制作女性人体模型的方法、技巧和流程。熟练掌握本章内容，读者可以举一反三制作出各种人体模型。

教学建议课时数：

一般情况下需要20课时，其中理论8课时，实际操作12课时（特殊情况可作相应调整）。

本章案例导读及效果预览（部分）

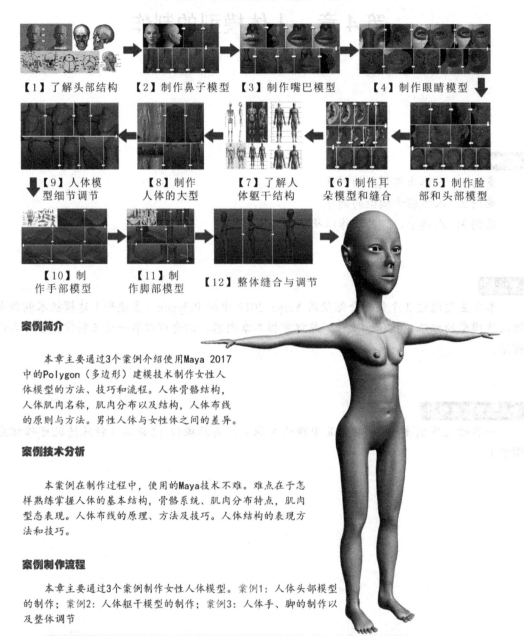

【1】了解头部结构　　【2】制作鼻子模型　　【3】制作嘴巴模型　　【4】制作眼睛模型

【9】人体模　　　【8】制作　　　【7】了解人　　　【6】制作耳　　　【5】制作脸
型细节调节　　人体的大型　　体躯干结构　　朵模型和缝合　　部和头部模型

【10】制作手部模型　　　【11】制作脚部模型　　　【12】整体缝合与调节

案例简介

　　本章主要通过3个案例介绍使用Maya 2017中的Polygon（多边形）建模技术制作女性人体模型的方法、技巧和流程。人体骨骼结构，人体肌肉名称，肌肉分布以及结构，人体布线的原则与方法。男性人体与女性体之间的差异。

案例技术分析

　　本案例在制作过程中，使用的Maya技术不难。难点在于怎样熟练掌握人体的基本结构，骨骼系统、肌肉分布特点，肌肉型态表现。人体布线的原理、方法及技巧。人体结构的表现方法和技巧。

案例制作流程

　　本章主要通过3个案例制作女性人体模型。案例1：人体头部模型的制作；案例2：人体躯干模型的制作；案例3：人体手、脚的制作以及整体调节

案例素材: 本章案例素材和工程文件，位于本书配套光盘中的"Maya 2017jsjm/Chapter04/相应案例的工程文件目录"文件夹。

视频播放: 本章案例视频教学文件位于配套光盘中的"视频教学"文件夹。

在本章中主要通过 3 个案例全面介绍人体模型制作的原理、方法和基本流程。熟练掌握本章内容，读者可以举一反三制作各种人体模型。

案例 1：人体头部模型的制作

一、案例内容简介

本案例介绍了人体比例、布线、结构、头部骨骼的名称、肌肉的名称和肌肉分布；人物头部模型制作的原理、流程及技巧。

二、案例效果欣赏

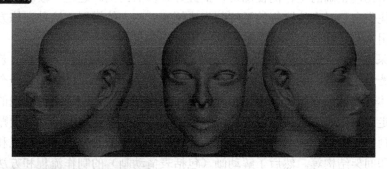

三、案例制作流程（步骤）及技巧分析

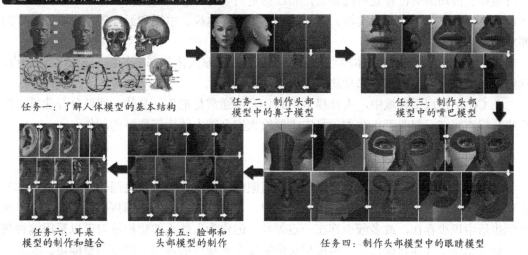

任务一：了解人体模型的基本结构

任务二：制作头部模型中的鼻子模型

任务三：制作头部模型中的嘴巴模型

任务六：耳朵模型的制作和缝合

任务五：脸部和头部模型的制作

任务四：制作头部模型中的眼睛模型

四、制作目的

通过本案例的学习，使读者熟练掌握人体比例、布线、人体头部模型的制作原理、方法以及技巧。

五、制作过程中需要解决的问题

（1）人体的基本结构,建议多研读一些有关人体结构的图书。

（2）人体头部的各块骨头和肌肉的名称及分布。

（3）人体头部的五官位置、比例及详细结构。

（4）头部模型建的模流程和技巧。

（5）五官的共性和异性。

六、详细操作步骤

任务一：了解人体模型的基本结构

在制作真实人体模型之前，了解一些人体头部结构、比例和布线等基础知识，对建模有很大的帮助，使制作工作事半功倍。

（1）人体比例。了解人体比例是制作比例精确、整体和谐、给人舒适感的前提。作为初学者，使用比例正确的正、侧视图可以把握好人体的比例。通过一段时间的强化训练之后，就可以凭借自己对人体比例的了解制作比例和谐的人体模型。这种训练方式，可以帮助读者对艺用人体结构的理解和美术功底的提升。

提示：如果要制作完美的人体模型，建议读者多阅读有关艺用人体结构、艺用人体解剖和艺用人体造型等书籍。再通过不断的练习，相信你的人体建模技术会有一个质的飞跃。

（2）人体布线。在人体建模中要特别注意布线的合理性。所谓人体布线的合理性主要包括布线的走向和疏密。布线的合理性将直接影响动画的后期工作，如材质贴图、运动动画和表情动画等。如果要熟练掌握布线，首先要了解人体的肌肉分布、特征和走向，骨骼的结构分布和间架结构等。然后了解动画（包括表情动画）的制作流程和方法，在需要制作弯曲和表情动画的位置处布线要密，布线的走向要符合肌肉的走向。最后，掌握不同人体风格（Q版、卡通化和写实等）和不同媒体平台（电视、电影和游戏等）对模型精度的要求。

（3）人体结构。制作人体模型的目的是要真实还原人体各部分特征。要做到这一点，读者要在艺用人体结构和美术功底两方面下功夫。

在 CG 制作应用领域中，人体模型的制作方法通常是把头、身体、四肢分开建模，然后将它们连接在一起即可。在本项目中主要给大家介绍人体头部模型的制作。

1. 了解人体头部模型的比例关系

在练习人体头部建模中，经常采用三庭五眼的比例法则。这是绘画领域对人的面部五官位置和比例归纳出来的一种人物面部的规律。这是对人的面部比例规律的完美总结，在实际生活中很少存在，或多或少存在一点差异。但作为人体头部建模练习可以采用这种规律。熟练掌握了人体建模之后，再根据实际情况在此规律的基础上进行调整即可。

三庭五眼是指将人的面部面横向分为三等份，如图 4.1 所示。

（1）从发际至眉线为一庭。

（2）眉线至鼻底为一庭。

（3）鼻底至颏底为一庭。

提示：每一庭的距离相等，耳朵位于中间一庭，耳朵的长度为一庭（理想状态）。

五眼是指将人的面部纵向分为五等份，每一份的长度为一个眼睛的宽度，如图 4.2 所示。

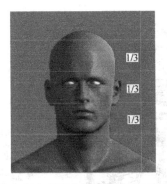

图 4.1　人的面部按横向分为三等份

图 4.2　人的面部按纵向分为五等份

（1）两眼之间的距离为一个眼睛的宽度。

（2）从外眼角垂线至外耳孔垂线之间为一个眼的宽度。

（3）整个面部正面纵向分为 5 个眼睛的宽度。

2. 了解头部的骨骼结构

1）人的头部骨骼组成、骨骼名称和位置分布情况

人的头部骨骼组成、骨骼名称和位置分布情况，如图 4.3 所示。

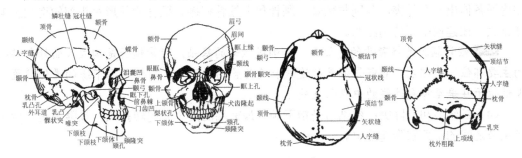

图 4.3　头部骨骼组成及其名称和位置分布

（1）人的头部由 24 块骨骼组成，其中头盖骨 8 块，面部 16 块。

（2）整个头部骨骼除颌骨能活动外，其他的骨架是固定的，形成一个坚固的颅腔。

（3）眼眶以上为额骨，额骨以上为头盖骨，两侧向后与颞骨相连。

（4）颧骨上连额骨，下接颌骨，横接耳孔。

（5）上颌形成牙床，鼻骨形成鼻梁，眼眶围于颧骨、鼻骨和额骨之中。

（6）下颌骨像个马蹄形，上端与颞骨部分连接，主要通过咬肌的作用，可以上下活动，头颅骨本身不能活动的。

提示 骨头的起伏，形成形体上的变化，造型特征主要通过这些骨头的起伏来表现。尤其是凸起的骨头，是造型的重要标志。

2）头骨上的主要骨点

头骨上的主要骨点分布情况，如图 4.4 所示。

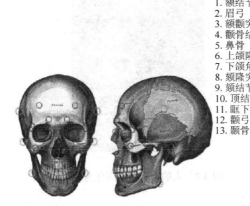
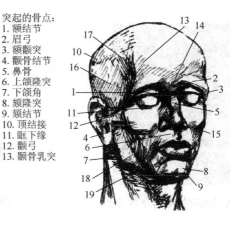

突起的骨点:
1. 额结节
2. 眉弓
3. 额颧突
4. 颧骨结节
5. 鼻骨
6. 上颌隆突
7. 下颌角
8. 颏隆突
9. 颏结节
10. 顶结接
11. 眶下缘
12. 颧弓
13. 颞骨乳突

凹下的骨点:
14. 眉间
15. 犬齿窝
16. 颞窝
体面转折线:
17. 颞线
18. 下颌斜线
19. 下颌底

图 4.4　头骨主要骨点分布情况

了解头骨的主要骨点，需要主要以下几点。

（1）颞线：是指位于两侧顶结节的连线长度，位于头部的最宽处。

提示 哺育动物，顶结节位于生长角的位置。

（2）额结节：是指眼眶上缘的隆起部分，男性眉弓比女性突出。

（3）颧骨：颧骨是指位于额骨颧突下方，左右各一块，本身呈菱形，又在上面、外面和内面各伸出一个骨突，分别与额骨、颞骨和上颌骨相接。颧骨的外形对头部的造型影响非常大，在建模中要特别注意。

提示 颧骨颊面是指颧骨的外侧面，是构成颊部的基础。颧骨颊面是构成人面外部特性的主要部位。头部左、右颧骨颊面的连线长度为脸的最宽处。颧骨颊面下缘的最低位置，大致位于耳垂至鼻底连线的中点位置处。

（4）颏结节和颏隆突：颏结节是指下颌骨最前端的两个突起转折点；颏隆突是指两个颏结节之间的三角状隆起部位。

3. 了解头部肌肉结构

头部的肌肉结构和分布对人面部的外部变化影响非常大。头部肌肉结构和分布如图 4.5 所示。

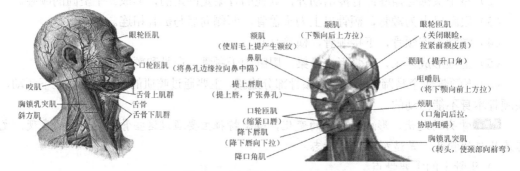

图 4.5　头部的肌肉结构和分布

人的头部骨骼位置是相对固定的，也就是说人的基本形态相对固定。但依附在头骨上肌肉变化丰富。通过这些肌肉的变化，使人产生变化丰富的面部表情。

1）面部肌肉的分类

面部肌肉主要分如下两大类。

（1）运动肌：运动肌主要用来控制下颌骨的活动。例如咬肌、唇三角肌、下颌骨肌、颞肌等。

（2）表情肌：表情肌主要用来控制面部的表情。例如额肌、皱眉肌、眼轮匝肌、上唇方肌、口轮匝肌、下唇方肌等。

提示：头部肌肉与颈部肌肉紧密相连。特别是胸锁乳突肌对颈部的造型影响明显。理解各块肌肉分布、连接关系和作用，有利于人体头部建模。

2）头部主要肌肉简介

在头部建模中，了解如下头部主要肌肉的基本情况，有利于人体头部模型的造型塑造。

（1）帽状腱膜：直接披覆在颅顶的腱膜，不影响头颅的外形。

（2）额肌：起自上颌骨的额突、鼻骨及眉弓的外皮，止于帽状腱膜，收缩时眉毛抬高且额部外皮产生皱纹。

（3）降眉间肌：起自鼻骨，向上止于眉间皮肤，收缩时引眉头向下，鼻根产生横纹。

（4）颞肌：起自顶骨上颞线，止于下颌骨的喙突及下颌前缘，作用是提起下颌骨作咀嚼运动。

（5）眼轮匝肌：环生于眼眶的周围，分眼睑、眼眶两部分。睑部在内围，收缩时使眼部轻闭；眶部在外围，收缩时使眼睑紧闭，引眉毛向下。

（6）皱眉肌：在眼轮匝肌和额肌的深层，收缩时眉头向中间靠拢，在眉间挤出直皱纹。

（7）鼻肌：可分横部和翼部。横部右称鼻压肌，纤维横跨并下压鼻梁；翼部又称鼻扩大肌，在鼻翼侧缘，收缩时可使鼻翼扩张。

（8）口轮匝肌：起于上、下颌骨的门齿窝，在口角之外侧相互闭合。可分内围，外围两部分，内围就是唇部，收缩时口裂轻闭，内外围同时收缩时则口裂紧闭。

（9）上唇方肌：位于上唇的上方，起点分三头，一为内眦头，起于眼睑内侧的上颌骨；二为睑下头，起于眶下缘；三为颧头，起于颧骨。三头集中向下，至于上唇口轮匝肌及鼻唇沟附件的皮肤内。收缩时能将上唇及鼻翼牵向上方。

（10）颧肌：起于颧骨，止于口角皮肤及口轮匝肌。收缩时使口角向外牵引，产生笑容。

（11）颏肌（颌肌）：起于下颌骨齿槽，止于颏部皮肤。收缩时使下唇前送。

（12）下唇方肌：起自下颌骨底，止于下唇部的口轮匝肌及下唇外皮。收缩时可牵两侧下唇向外下方。

（13）三角肌：起自下颌骨底，止于口角皮肤。收缩时可牵引口角向下。

（14）咬肌：起自颧弓，止于下颌角咬肌粗隆。收缩时可上提下颌角，起闭嘴咬食作用。

（15）颊肌：起自下颌骨喙突及上、下颌骨齿槽，止于口角。收缩使口裂向两侧扩大，将口角拉向外侧。

（16）笑肌：起于耳孔下方的咬肌筋膜，止于口角外皮。可横拉口角颊部皮肤，有时

会产生小窝。俗称酒窝。

（17）颈阔肌：起自胸大肌和三角肌筋膜，止于口角皮肤。可拉口角向下，使颈部出现横皱纹。

4. 了解头部块面关系

面部的构成，人们将它归纳为 4 组块构成。

（1）前额：方形，顶部进入头盖骨。

（2）颧骨部位：扁平的方形。

（3）形成嘴和鼻的直立圆柱形状。

（4）下颌：三角形。

头部面块之间的关系如图 4.6 所示，头部大块之间的结构如图 4.7 所示。

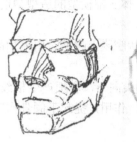  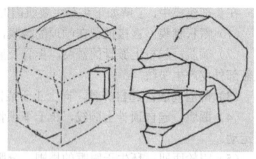

图 4.6   图 4.7

从前额到下颌，面部形状不是扁平的，也不是完全凸出或凹陷的，面部线条也不是只向外或向内弯曲的，而是不断变化的。

在头部建模中，塑造头部的形态时，先要考虑头部各组块，再考虑平面。所谓平面是指每个组块的前面、顶面和侧面。

在建模中只要完整地塑造出各种平面和形状就能够使面部富有质感和结构对称，因为人的头部之间的区别主要在于各平面之间的比例和前后倾斜、凸出凹陷的尺度。

提示： 在建模中，不能将头部模型塑造得太圆或太方。不同人的头部形状没有明显的差异。在建模中，读者要特别注意，不能只依靠参考图简单对位来建模，要仔细观察和思考头部的结构特征，通过自己的理解来建模。

视频播放 具体介绍，请观看配套视频"任务一：了解人体模型的基本结构.wmv"。

◆任务二：制作头部模型中的鼻子模型

在本任务中,主要使用 Extude（挤出）命令对选择的 Edge（边）进行挤出和调节来制作女性鼻子的模型。具体操作步骤如下。

1. 导入参考图

根据本书第 1 章所学知识，将如图 4.8 和图 4.9 所示的参考图导入文件中。

　　提示:参考图是以贴图的形式贴在平面上的，将参考贴到参考图中，比例需要调节。选择平面按键盘上的"R"键。出现缩放手柄。此时，将鼠标移到某个手柄上（例如 X 缩放手柄），在按住鼠标左键不放的同时，进行缩放操作，在 Channels（通道盒）中对应的缩放轴（例如 Scale X）的数值没有变化，说明选择的缩放方式不对。解决方法是，在工具箱中双击 ■（缩放）图标，弹出"Scale Tool（缩放工具）"对话框，设置 Scale 方式即可。具体设置如图 4.10 所示。

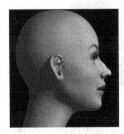

图 4.8　前视图　　　　　　　　图 4.9　侧视图　　　　　图 4.10　"缩放工具"参数设置

2. 制作鼻子模型

　　鼻子模型制作的方法很多，可以从一个 Polygon（多边形）基本几何体中的 Cube（立方体）开始，通过加 Edge（边）和调 Vertex（顶点）来制作。也可以从 Plane（平面）开始，通过挤出 Edge（边）和调节来制作。具体使用哪一种方式，需要根据自己的习惯来确定。在这里以一个 Plane（平面）开始制作。

　　1）制作鼻子的鼻翼

　　【步骤01】在菜单栏中单击 Create（创建）→Polygon Primitives（多边形几何体）→Plane（平面）命令。在 Front（前视图）中创建一个平面。调节好位置，如图 4.11 所示。

　　【步骤02】进入 Plane（平面）的 Vertex（顶点）编辑模式。根据参考图，在 Side（侧视图）中调节 Vertex（顶点）的位置，如图 4.12 所示。

　　【步骤03】进入 Plane（平面）的 Face（面）编辑模式，在 Front（前视图）中删除左侧的一半。

　　【步骤04】进入 Plane（平面）的 Object Mode（对象模型）编辑模式。在菜单栏中单击 Edit（编辑）→Duplicate Special（指定复制）命令。对 Plane（平面）进行关联镜像复制，如图 4.13 所示。

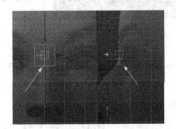

图 4.11　创建的平面　　　　图 4.12　调节顶点之后的平面　　　图 4.13　指定复制之后的效果

步骤05：进入 Plane（平面）的 Edge（边）编辑模式。选择边进行 Extrude（挤出）和调节，重复挤出和调节 7 次，在 Side（侧视图）中的效果如图 4.14 所示。

步骤06：在 Front（前视图）中，调节（Vertex）顶点位置，如图 4.15 所示。

步骤07：进入模型的 Edge（边）选择模式，选择鼻头侧面的边，如图 4.16 所示。

图 4.14　挤出 7 次调节之后的效果　　图 4.15　调节之后的效果　　图 4.16　选择的边

步骤08：在 Top（顶视图）中挤出 3 次并调节位置，如图 4.17 所示。

步骤09：在 Front（前视图）中调节（Vertex）顶点位置，如图 4.18 所示。在侧视图中的效果如图 4.19 所示；在 Presp（透视图）中的效果如图 4.20 所示。

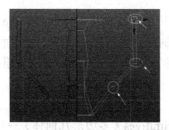  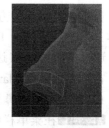

图 4.17　挤出 3 次调节之后的效果　　图 4.18　前视图调节的效果　　图 4.19　侧视图中的效果

步骤10：选择如图 4.21 所示的边。在 Top（顶视图）中 Extrude（挤出）4 次并调节位置，如图 4.22 所示。

图 4.20　透视图中的效果　　图 4.21　选择的边　　图 4.22　挤出 4 次并调节之后的效果

步骤11：在菜单栏中单击 Edit Mesh（编辑网格）→Merge（合并）命令合并顶点，如图 4.23 所示。

步骤12：在 Front（前视图）中根据参考图进行适当的调节，如图 4.24 所示。

步骤13：在 Persp（透视图）中进入模型的 Edge（边）编辑模式，选择如图 4.25 所示的边。

图 4.23　合并之后的效果　　　图 4.24　调节之后的效果　　　图 4.25　选择的边界边

【步骤14】：使用 Extrude（挤出）命令，对选择的边进行挤出和调节 3 次，最终效果如图 4.26 所示。平滑之后的效果如图 4.27 所示。

2）制作鼻子的鼻梁

【步骤01】：在 Persp（透视图）中进入模型的 Edge（边）编辑模式，选择如图 4.28 所示的 5 条边。

图 4.26　挤出 3 次调节之后的效果　　　图 4.27　平滑之后的效果　　　图 4.28　选择的 5 条边

【步骤02】：在 Top（透视图）中对选择的边 Extrude（挤出）3 次并调节，位置如图 4.29 所示。

【步骤03】：切换到 Side（侧视图），对挤出的面进行调节，最终效果如图 4.30 所示。

【步骤04】：切换到 Front（前视图），对挤出的面进行调节，最终效果如图 4.31 所示。在 Persp（透视图）中的效果如图 4.32 所示。

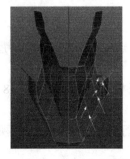
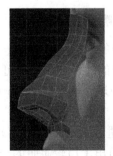

图 4.29　挤出 3 次调节之后的效果　　　图 4.30　侧视图中调节效果　　　图 4.31　前视图中调节效果

【步骤05】：在菜单栏中单击 Mesh Tools（网格工具）→Append to Polygon（附加到多边形）命令，添加边操作。最终效果如图 4.33 所示。

【步骤06】：在 Persp（透视图）中进入模型的 Face（面）编辑模式，选择如图 4.34 所示的面。

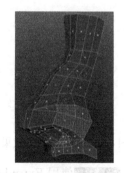

图 4.32　透视图中的效果　　　　　图 4.33　附加边之后的效果　　　　图 4.34　选择需要挤出的面

【步骤07】：使用 Extrude（挤出）命令对选择的面进行挤出 1 次，对挤出的面进行缩放和位置调节，最终效果如图 4.35 所示。

【步骤08】：在菜单栏中单击 Mesh Tools（网格工具）→Insert Edge Loop（插入环形边工具）命令，插入一条环形边，如图 4.36 所示。

【步骤09】：根据参考图，对鼻子模型进行适当的调节。最终效果如图 4.37 所示。

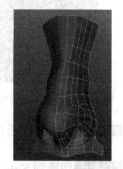

图 4.35　挤出调节之后的效果　　　　图 4.36　插入的环形边　　　　图 4.37　调节的最终效果

【视频播放】具体操作步骤，请观看配套视频"任务二：制作头部模型中的鼻子模型.flv"。

任务三：制作头部模型中的嘴巴模型

在任务二中，已经制作好鼻子的模型，接着前一任务，继续制作嘴巴的模型。嘴巴模型的制作主要通过挤出边和对挤出的边进行调节即可。

【步骤01】：在 Front（前视图）中进入模型的 Edge（边）编辑模式，选择如图 4.38 所示的边。

【步骤02】：对选择的 Edge（边）进行 Extrude（挤出）5 次并进行调节，在 Front（前视图）中的效果如图 4.39 所示。这样调节出了口轮匝肌的一圈面。

【步骤03】：切换到 Side（侧视图），根据参考图调节好口轮匝肌的效果，如图 4.40 所示。

【步骤04】：进入模型的 Edge（边）选择模式，选择如图 4.41 所示的边。

【步骤05】：对选择的边进行 Extrude（挤出）操作并进行调节操作，效果如图 4.42 所示。

【步骤06】：切换到 Side（侧视图），根据参考图进行调节。最终效果如图 4.43 所示。

图 4.38　选择需要挤出的边

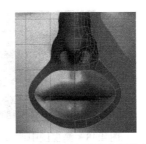

图 4.39　挤出 5 次调节之后的效果

图 4.40　侧视图中的效果

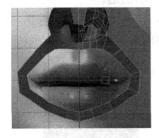

图 4.41　选择挤出的边

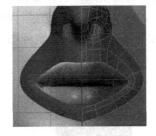

图 4.42　挤出调节之后的效果

图 4.43　调节之后的效果

【步骤07】：切换到 Front（前视图），进入模型的 Edge（边）选择模式，选择如图 4.44 所示的边。

【步骤08】：使用 Extrude（挤出）命令，对选择的边进行挤出 1 次。在 Front（前视图）中根据参考图调节 Vertex（顶点），如图 4.45 所示。

【步骤09】：切换到 Side（侧视图），进入模型的 Vertex（顶点）编辑模式，根据参考图进行调节。最终效果如图 4.46 所示。

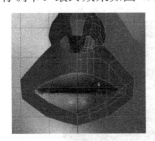

图 4.44　选择的边

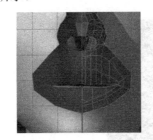

图 4.45　挤出调节之后的效果

图 4.46　侧视图中调节之后的效果

【步骤10】：使用 Insert Edge Loop Tool（插入环形边工具）命令，插入一条环形边，在 Front（前视图）中根据参考图进行调节，如图 4.47 所示。

【步骤11】：切换到 Side（侧视图），根据参考图对插入的环形边进行调节，最终效果如图 4.48 所示。

【步骤12】：在 Persp（透视图）中的效果如图 4.49 所示，从该图可以看出，嘴部没有唇线。使用 Insert Edge Loop Tool（插入环形边工具）命令，插入一条环形边，调节出唇线，如图 4.50 所示。

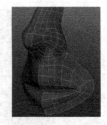

图 4.47　插入的环形边　　　图 4.48　侧视图中调节的效果　　　图 4.49　在透视图中的效果

【步骤13】进入模型的 Edge（边）编辑模式，选择如图 4.51 所示的边。

【步骤14】使用 Extrude（挤出）命令，对选择的边进行挤出。对挤出的边进行调节。在 Front（前视图）中的效果如图 4.52 所示。在 Side（侧视图）中的效果如图 4.53 所示。

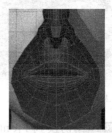

图 4.50　插入的环形边　　　图 4.51　选择的边　　　图 4.52　挤出调节之后的效果

【步骤15】选择如 4.54 所示的 2 个 Vertex（顶点）。在菜单栏中单击 Edit Mesh（编辑网格）→ Merge（合并）命令，对选择的顶点进行缝合。

【步骤16】使用 Insert Edge Loop Tool（插入环形边工具）命令，插入一条环形边，如图 4.55 所示。

图 4.53　侧视图中的效果　　　图 4.54　选择的两个点　　　图 4.55　插入的环形边

【步骤17】将鼻翼处位置的顶点合并，合并之后的效果如图 4.56 所示。

【步骤18】根据参考图，对模型进行适当调节。最终效果如图 4.57 所示。

【视频播放】具体操作步骤，请观看配套视频"任务三：制作头部模型中的嘴巴模型.wmv"。

任务四：制作头部模型中的眼睛模型

眼睛部分的模型制作也是在鼻子模型的基础上，通过挤出和调节来制作的。具体制作步骤如下。

1. 制作眼睛的外轮廓

步骤01：对鼻子模型的边进行适当调节，进入模型的 Edge（边）选择模式。在 Front（前视图）中选择如图 4.58 所示。

图 4.56　合并的顶点　　　　图 4.57　鼻子最终效果　　　　图 4.58　选择需要挤出的边

步骤02：对选择的 Edge（边）使用 Extrude（挤出）命令挤出 1 次，在 Front（前视图）中调节到眉肱骨的位置，如图 4.59 所示。在 Side（侧视图）中，根据参考图进行调节，如图 4.60 所示。

步骤03：使用 Insert Edge Loop Tool（插入环形边工具）命令插入 3 条环形边，在 Front（前视图）和 Side（侧视图）中根据参考图调节 Vertex（顶点）的位置，如图 4.61 和图 4.62 所示。

图 4.59 挤出的效果　　　　图 4.60　侧视图中的效果　　图 4.61　插入 3 条边调节之后的效果

步骤04：选择眉肱骨处的 2 条边，使用 Extrude（挤出）命令进行挤出和调节，在 Front（前视图）和 Side（侧视图）中的效果，如图 4.63 和图 4.64 所示。

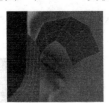

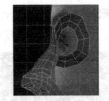

图 4.62　侧视图中的调节效果　　图 4.63　挤出调节之后的效果　　图 4.64　侧视图中的调节效果

步骤05：使用 Append to polygon（附加到多边形）命令，将鼻子和眼睛外轮廓的边进行扩展连接。根据参考图进行调节。在 Front（前视图）和 Side（侧视图）中的效果，如图 4.65 和图 4.66 所示。

2. 制作眼睛的其他部分

步骤01：进入模型的 Edge（边）编辑模式，选择眼轮匝肌的内循环边。

【步骤02】：对选择的 Edge（边）进行挤出 1 次。对挤出的边进行调节，如图 4.67 所示。

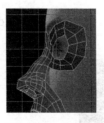

图 4.65　附加连接之后的效果　　图 4.66 侧　视图中　　图 4.67　挤出和调节之后的效果
　　　　　　　　　　　　　　　　附加之后的效果

【步骤03】：进入模型的 Edge（边）编辑模式。选择如图 4.68 所示的边。

【步骤04】：对选择的 Edge（边）使用 Extrude（挤出）命令进行挤出和调节，如图 4.69 所示。

【步骤05】：再选择眼睛内侧的环形边进行挤出和调节。最终效果如图 4.70 所示。

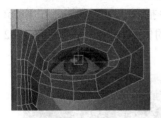
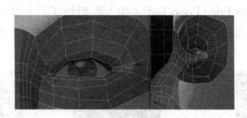

图 4.68　选择边界边　　　　　图 4.69　挤出和调节之后的效果　　　图 4.70　挤出和调节
　　　　　　　　　　　　　　　　　　　　　　　　　　　　　　　　　之后的效果

【步骤06】：在菜单栏中单击 Create（创建）→Polygon Primitives（多边形基本几何体）→Sphere（球体）命令。在 Front（前视图）中创建一个球体，调节好位置，如图 4.71 所示。

【步骤07】：切换到 Persp（透视图），根据球体调节眼睛部位 Vertex（顶点）的位置，如图 4.72 所示。

【步骤08】：使用 Insert Edge Loop Tool（插入环形边工具）命令插入一条环形边，如图 4.73 所示，用来塑造双眼皮的效果。

图 4.71　创建的球体　　　　图 4.72　在透视图中眼睛的效果　　图 4.73　插入的环形边

【步骤09】：根据参考图，调节眼睛部位的边和顶点。最终效果如图 4.74 所示。

【步骤10】：眼睛、鼻子和嘴巴的整体效果如图 4.75 所示。

【视频播放】具体操作步骤，请观看配套视频"任务四：制作头部模型中的眼睛模型.wmv"。

图 4.74　调节之后的效果

图 4.75　最终的效果

任务五：脸部和头部模型的制作

脸部和头部模型的制作主要使用 Insert Edge Loop Tool（插入环形边工具）、Extrude（挤出）、Append to polygon（添加到多边形）、Merge（缝合）和 Merge Vertex Tool（缝合顶点工具）命令来制作。

1. 制作脸部的位置

【步骤01】使用 Append to polygon Tool（附加到多边形工具）命令，将嘴巴与眼睛的位置连接在一起，如图 4.76 所示。

【步骤02】继续使用 Append to polygon Tool（附加到多边形工具）命令进行扩展连接，如图 4.77 所示。

【步骤03】使用 Insert Edge Loop Tool（插入环形边工具）命令，插入一条环形边，如图 4.78 所示。插入边之后进行整体调节，如图 4.79 所示。

图 4.76　附加之后的效果

图 4.77　继续附加之后的效果

图 4.78　插入的环形边

【步骤04】在下颌处选择模型的一条边，如图 4.80 所示。在 Side（侧视图）进行挤出和调节，如图 4.81 所示。

图 4.79　插入环形边之后进行整体调节

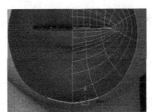

图 4.80　选择的边

图 4.81　挤出调节之后的效果

【步骤05】：选择下颌的侧边进行挤出，在 Front（前视图）和 Side（侧视图）中的位置，如图 4.82 和图 4.83 所示。这样就确定了脸的宽度和厚度。

【步骤06】：使用 Insert Edge Loop Tool（插入环形边工具）命令，继续添加线并进行调节，如图 4.84 所示。

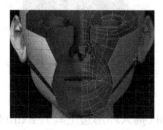
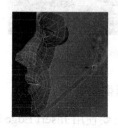
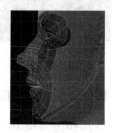

图 4.82　挤出调节之后的效果　　　图 4.83　侧视图中的位置　　　图 4.84　插入环形边调节
之后的效果

【步骤07】：使用 Append to polygon（附加到多边形）命令进行边的扩展连接，如图 4.85 所示。

【步骤08】：继续使用 Append to polygon（附加到多边形）命令进行扩边连接，如图 4.86 所示。

【步骤09】：使用 Insert Edge Loop Tool（插入环形边工具）命令，添加一条环形边，进行适当调节，如图 4.87 所示。

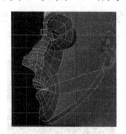
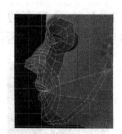

图 4.85　附加之后的效果　　　图 4.86　继续附加之后的效果　　　图 4.87　插入环形边并适当
调节之后的效果

【步骤10】：使用 Append to polygon（附加到多边形）命令添加扩展边连接，如图 4.88 所示。

【步骤11】：使用 Insert Edge Loop Tool（插入环形边工具）命令，添加一条环形边，进行适当调节，如图 4.89 所示。

【步骤12】：使用 Extrude（挤出）命令挤出选择边，在 Front（前视图）和 Side（侧视图）调节位置，如图 4.90 所示。

【步骤13】：使用 Insert Edge Loop Tool（插入环形边工具）命令插入两条环形边，再使用 Merg（合并）命令合并顶点。根据参考图进行调节，最终效果如图 4.91 所示。

【步骤14】：选择如图 4.92 所示的边，进行挤出和缝合，根据参考图进行调节，如图 4.93 所示。

图 4.88　附加之后的效果

图 4.89　插入环形边并适
当调节的效果

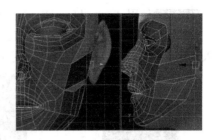

图 4.90　挤出和调节之后的效果

图 4.91　插入环形边
之后的效果

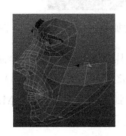

图 4.92　选择需要
挤出的边

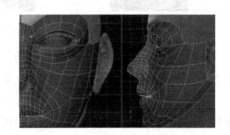

图 4.93　调节之后的效果

2. 制作头部模型

头部模型的制作相对五官模型的制作比较简单，也是通过对边的挤出、调节和顶点缝合来制作。

【步骤01】： 在 Front（前视图）中选择如图 4.94 所示的边。

【步骤02】： 切换到 Side（侧视图），使用 Extrude（挤出）对选择的边进行挤出 16 次和调节，如图 4.95 所示。

【步骤03】： 选择下颌图的一条边，使用 Extrude（挤出）对选择的边进行挤出 6 次和调节，如图 4.96 所示。

图 4.94　选择的边

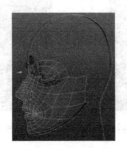

图 4.95　挤出 16 次调节之后的效果

图 4.96　挤出 6 次调节之后的效果

【提示】： 这里挤出的次数，只供读者参考。挤出的次数多少要根据参考图和对多模型精度的要求而定。

【步骤04】： 对挤出的头顶的边进行适当调节。最终效果如图 4.97 所示。

【步骤05】：使用 Append to polygon（附加到多边形）命令进行扩边连接，如图 4.98 所示。

【步骤06】：使用 Insert Edge Loop Tool（插入环形边工具）命令和 Merge（合并）命令，插入环形边、合并顶点和调节，如图 4.99 所示。

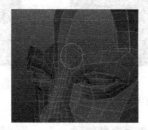

图 4.97　最终调节效果　　　图 4.98　附加边之后的效果　　　图 4.99　合并顶点之后的效果

【步骤07】：选择如图 4.100 所示的边，使用 Extrude（挤出）命令，对选择的边进行挤出和调节。塑造出胸锁乳头肌。在 Front（前视图）和 Side（侧视图）中的效果如图 4.101 所示。

【步骤08】：使用 Append to polygon（附加到多边形）命令和 Merge（合并）命令进行扩边连接、合并和调节。最终效果如图 4.102 所示。

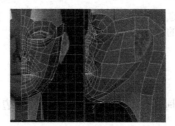

图 4.100　选择的边　　　图 4.101　挤出和调节之后的效果　　　图 4.102　附加和合并调节之后的效果

【步骤09】：使用 Insert Edge Loop Tool（插入环形边工具）命令插入如图 4.103 所示的边。

【步骤10】：根据参考图对插入的边进行调节。最终效果如图 4.104 所示。

【步骤11】：根据参考图再适当调节布线，如图 4.105 所示，最终效果如图 4.106 所示。

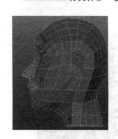

图 4.103　插入的环形边　　图 4.104　调节之后的效果　　图 4.105　布线的效果　　图 4.106　最终的效果

【视频播放】具体操作步骤，请观看配套视频"**任务五：脸部和头部模型的制作.wmv**"。

任务六：耳朵模型的制作和缝合

在本任务中，耳朵的制作采取另外导入参考图的办法。根据参考图制作好耳朵，再将

制作好的耳朵导入到制作好的头部模型中，进行合并和缝合操作。

1．制作耳朵模型

1）导入参考图

根据第 1 章介绍的方法。将耳朵参考图导入 Side（侧视图）中，如图 4.107 所示。

2）制作耳朵模型

【步骤01】：在菜单栏中单击 Create（创建）→Polygon Primitives（多边形基本几何体）→Plane（平面）。在 Front（前视图）中创建一个平面，调节好位置，如图 4.108 所示。

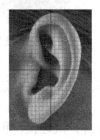 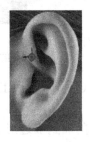 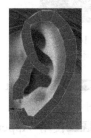

图 4.107　参考图　　　　　图 4.108　创建的平面　　　　图 4.109　挤出并调节之后的效果

【步骤02】：进行模型的 Edge（边）编辑模式。使用 Extrude（挤出）命令，对选择的边进行挤出。根据参考图进行调节，如图 4.109 所示。

【步骤03】：使用 Append to polygon（附加到多边形）命令对边进行扩展连接，如图 4.110 所示。

【步骤04】：使用 Extrude（挤出）命令，对选择的边进行挤出，根据参考图进行调节，如图 4.111 所示。

【步骤05】：进入模型的 Edge（边）编辑模式。根据参考图和自己对耳朵的理解进行调节，在 Front（前视图）和 Persp（透视图）中的效果如图 4.112 和图 4.113 所示。

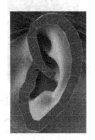   

图 4.110　附加连接的　　图 4.111　挤出和调节　　图 4.112　前视图中　　图 4.113　透视图中的
　　　　　效果　　　　　　　　　　的效果　　　　　　　　调节效果　　　　　　　效果

【步骤06】：使用 Insert Edge Loop Tool（插入环形边工具）命令插入一条环形边并进行调节，如图 4.114 所示。

【步骤07】：继续使用 Insert Edge Loop Tool（插入环形边工具）命令插入一条环形边，进行适当的调节，如图 4.115 所示。

【步骤08】 使用 Multi-Cut（多切割）添加边并进行调节，如图 4.116 所示。

【步骤09】 使用 Append to polygon（附加到多边形）命令，对边进行扩展连接，如图 4.117 所示。

图 4.114　插入的　　　图 4.115　插入和调节　　　图 4.116　切割边之后　　　图 4.117　附加连接之
　　　　环形边　　　　　　　之后的效果　　　　　　　的效果　　　　　　　　后的效果

【步骤10】 使用 Insert Edge Loop Tool（插入环形边工具）命令插入一条环形边并进行调节。如图 4.118 所示。

【步骤11】 使用 Append to polygon（附加到多边形）命令将边进行扩展连接，再使用 Multi-Cut（多项剪切）修改布线，根据参考图进行适当调节，如图 4.119 所示。

【步骤12】 选择上耳蜗的面，使用 Extrude（挤出）命令进行挤出和调节，如图 4.120 所示。

【步骤13】 使用 Append to polygon（附加到多边形）命令，将耳中与对耳轮连接，如图 4.121 所示。

【步骤14】 继续使用 Append to polygon（附加到多边形）命令，将耳甲部分的边进行扩展连接。如图 4.122 所示。

图 4.118　插入的环形边　　　图 4.119　附加切割　　　图 4.120　挤出和调节　　　图 4.121　附加和
　　　　　　　　　　　　　　调节之后的效果　　　　　　之后的效果　　　　　　　连接之后的效果

【步骤15】 进入模型的 Face（面）选择模式，选择如图 4.123 所示的面，使用 Extrude（挤出）命令进行挤出调节，如图 4.124 所示。

【步骤16】 使用 Append to polygon（附加到多边形）命令，将下耳甲的边进行扩展连接，如图 4.125 所示。选择如图 4.126 所示的面，进行挤出，效果如图 4.127 所示。

【步骤17】 使用 Merge（合并）命令和 Multi-Cut（多切割）命令对顶点进行加边和顶点融合，如图 4.128 所示。

图 4.122　附加和扩展
连接之后的效果

图 4.123　选择的面

图 4.124　挤出调节的
效果

图 4.12　5 扩展连接
效果

【步骤18】：进入模型的 Face（面）编辑模式，选择如图 4.129 所示的面。

图 4.126　选择的面

图 4.127　挤出的效果

图 4.128　合并切割
之后的效果

图 4.129　选择的面

【步骤19】：使用 Extrude（挤出）命令对选择的面进行挤出和调节 3 次。最终效果如图 4.130 所示。

【步骤20】：进入模型的 Edge（边）选择模式。选择如图 4.131 所示的面，使用 Extrude（挤出）命令对选择的边挤出 1 次，效果如图 4.132 所示。

【步骤21】：使用 Extrude（挤出）命令继续挤出 2 次和调节，最终效果如图 4.133 所示。

图 4.130　挤出调节
之后的效果

图 4.131　选择的面

图 4.132　挤出调节之后
的效果

图 4.133　挤出 2 次和
调节之后的效果

【步骤22】：选择如图 4.134 所示的边，使用 Extrude（挤出）命令进行挤出和调节，如图 4.135 所示。

2．对模型进行缝合处理

对模型进行缝合处理主要分两步。第 1 步：将耳朵与头部进行合并和融合。第 2 步：

将头的一半进行关联镜像复制并进行合并和缝合处理。

【步骤01】：打开前面制作好的头部模型文件。在菜单栏中单击 File（文件）→Import（导入）命令，弹出 Import（导入）对话框。在该对话框中单选制作好的耳朵文件，单击 Import（导入）按钮即可。

【步骤02】：根据参考图，对导入的耳朵进行缩放、旋转和位置调整。最终效果如图 4.136 所示。

【步骤03】：选择耳朵和头部模型的一半，在菜单栏中单击 Mesh（网格）→Combine（结合）命令。即可将选择的模型合并成一个模型，如图 4.137 所示。

图 4.134　选择的　　　图 4.135　挤出和　　　图 4.136　导入调节好　　图 4.137　与头部结合
　　　边界边　　　　　　调节之后的效果　　　　位置的耳朵　　　　　　之后的耳朵

【步骤04】：使用 Merge（合并）命令和 Multi-Cut（多切割）命令对合并的模型进行布线和融合。如图 4.138 所示。

【步骤05】：对调整缝合好的模型进行关联镜像复制，如图 4.139 所示。

【步骤06】：选择两部分头部模型。单击 Mesh（网格）→Combine（结合）命令。将模型合并，再使用 Merge（合并）命令将头部的中间点融合处理。最终效果如图 4.140 所示。

图 4.138　合并切割之后的效果　　　　图 4.139　镜像之后的效果　　　　图 4.140　最终的头部模型

视频播放：具体操作步骤，请观看配套视频"任务六：耳朵模型的制作和缝合.wmv"。

七、拓展训练

运用案例 1 所学知识，根据参考图制作头部模型。

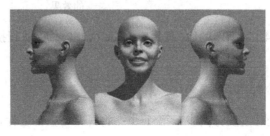

案例 2：人体躯干模型的制作

一、案例内容简介

本案例介绍了人体躯干的结构、肌肉结构及分布，人体躯干的建模原理、方法及布线技巧。

二、案例效果欣赏

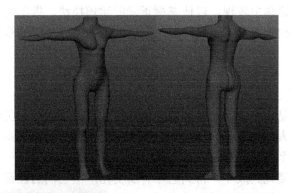

三、案例制作流程（步骤）及技巧分析

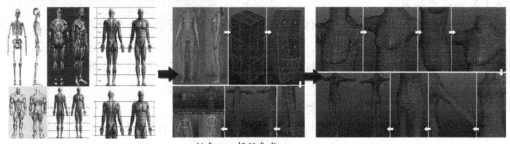

任务一：人体躯干结构　　　任务二：根据参考　　　任务三：根据参考图表现人体模型的细节
图制作人体的大型

四、制作目的

了解人物身体模型制作的原理、方法及技巧。

五、制作过程中需要解决的问题

（1）男性人体与女性人体之间的共性和异性。

（2）人体躯干结构和肌肉分布。

（3）人体骨骼和肌肉的名称及分布情况。

（4）人体躯干的建模流程、方法及技巧。

（5）人体躯干的布线原理及布线情况。

六、详细操作步骤

在本案例中主要使用 Polygon（多边形）建模技术来制作女性人体模型。女性人体模型的制作与男性模型的制作，在制作原理、结构表现方法、布线和建模技术上基本相同，主要区别在于他们的结构特征有所不同。建议读者在制作女性人体模型之前，多了解男性与女性在结构上的区别、骨架结构、肌肉分布和结构表现等知识。

■任务一：人体躯干结构

人体结构解剖学是通过剖析正常人体结构组织，总结出人体造型结构、表情和运动规律的一门边缘学科。而在 CG 应用领域，学习艺用人体结构解剖学的目的是了解人体解剖和结构，使人们对肌肉、骨骼、肌肉、人体块面与人体运动所产生的相互关系有所认识，以及这些关系如何在建模中表现，以便掌握正确的建模技法，揭示与表现人体之美。

在制作女性人体模型之前，先简单介绍人体的骨骼系统、肌肉系统、人体比例关系和人体的块面结构关系。

1. 人体骨骼系统

人体的组织结构是一个非常复杂、精密的系统。在该系统中起关键性作用的还是人体的骨骼结构。因为，人体骨骼是人体内相对固定不变的支架，骨骼系统从整体上决定了人体比例、形体大小和个性特征。

人体骨骼结构从婴儿到成年，再到老年有所变化，但它们的位置相对不变。这也是我们为什么在很多年之后仍能认出某个人的原因。在 CG 中，重点研究骨骼关节处和骨骼在人体上的外露点的表现。

人体全身骨骼共有 206 块，人体骨架结构如图 4.141 所示。分布在头、躯干、上肢和下肢四个部位。它们主要通过软骨、韧带或关节巧妙地连接在一起。在这些连接的骨骼表面覆盖着厚薄不同的皮肤、脂肪和肌肉，从而形成富有节奏起伏的人体外形。

1）人体骨骼按其形态分类

人体骨骼按其形态分为如下 4 类。

（1）长骨：是指形状为长管状的骨骼，分为一体两端。体又称为骨干，两端膨大，称为骺。骺的表面有关节软骨附着，形成关节面。

（2）短骨：是指形状为立方体的骨骼，大部分为成群分布于连接牢固且稍灵活的部位。例如：足的后半部分、手腕和脊椎等处。它能够承受较大的压力，常具有多个关节形成微动关节。

（3）扁骨：是指形状为板状的骨骼，主要构成颅腔和胸腔的壁。主要保护内部器官。

（4）不规则骨：是指形状为不规则且功能强大的骨骼。有一些不规则骨骼内含有气的腔洞，又称为气骨。例如上颌骨和蝶骨。

2）骨骼的表面形态结构

骨骼的表面由于肌腱、肌肉、韧带的附着、韧带的牵拉、血管和神经通过等因素的影响，形成了各种形态的结构。

（1）骨面的突起：由于肌腱或韧带的牵拉，骨骼的表面产生不同程度的隆起称为突。比较尖的突称为棘，比较尖的棘称为茎突。基底部比较广的突称为凸隆，也可称为隆起。

粗糙的隆起称为粗隆，圆形的隆起称为结节，具有方向扭转的粗隆起称为转子，长线形的隆起称为嵴。低部粗的嵴称为线。

（2）骨骼的凹陷：小的凹陷称为小凹，大的凹陷称为窝，长的凹陷称为沟，浅的凹陷称为压痕。

（3）骨端的标志：圆形的称为头或小头，头下方较狭细的位置称为颈，椭圆形的膨大称为髁。

（4）平滑的骨面称为面，骨的边缘称为缘，边缘的缺损称为切迹。

2. 人体肌肉系统

人体肌肉是人体运动的动力器官，是人的生命活动的重要体现。它与人体骨架共同构成了人体外形的轮廓和表面形态。人体的表面形态主要由肌肉决定。

每块肌肉都具有一定的形态、结构和功能。主要通过躯体神经进行收缩或舒张，进行随意运动。而当人体运动时，肌肉会进行伸缩，改变其长度和厚度。

肌肉的形状和大小差异比较大，这些肌肉主要通过无弹性的腱与骨骼连接在一起。体积较大的肌肉主要位于四肢处，如连接四肢和躯干的肌肉。躯干的肌肉比较薄。

提示：在 CG 建模中，比较难表现的是各块肌肉之间的穿插关系，在布线上要多加思考；还要注意肌肉与脂肪的区别，女性的皮下脂肪较多，肌肉没有男性发达。表皮要比男性柔软和光滑；肌肉之间的穿插主要通过布线的位置来表现。表皮柔软和光滑程度主要通过布线的疏密来表现。

人体的肌肉形态和分布如图 4.142 所示。

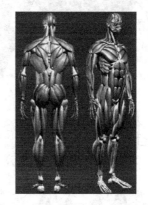

图 4.141　人体骨架结构　　　　图 4.142　人体的肌肉形态和分布

1）肌肉的分类

肌肉的形态各异，按其外形可分为如下 4 类。

（1）长肌：长肌主要位于四肢处，收缩的幅度比较大，可以产生大幅度的运动。

（2）短肌：短肌的收缩幅度比较小，主要完成一些精细运动。

（3）阔肌：主要位于胸、腹和背部。

（4）轮匝肌：主要位于眼和口等开口处。例如眼轮匝肌、口轮匝肌等。

2）肌肉的构造

从肌肉的构造来看，主要分为肌腹和肌腱。

（1）肌腹：是肌肉的主体，能够伸缩的动力部分，由横纹肌纤维组成。

（2）肌腱：呈索条或扁带状，由胶原纤维组成。没有收缩能力，主要附着在骨骼上。

人体的肌肉有 600 块左右。在 CG 应用领域，没有必要去研究每一块肌肉的形态、作用和分布。而只研究对人体外部形态有直接影响的肌肉群，也就是说，要从人体造型的外轮廓和起伏的关系出发，对有重要意义的浅层肌肉和部分深层肌肉进行研究。

提示: 在 CG 建模中，一般情况下，要从整体出发，不要太注意细节，否则制作出的模型没有整体感，显得零碎。

3. 人体的四肢结构

人体的四肢结构如图 4.143 所示。

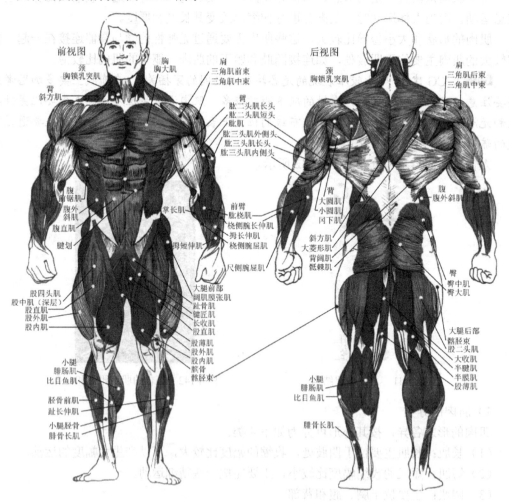

图 4.143　人体的四肢结构

1）上肢结构

上肢主要由肩、臂、前臂和手 4 个部分组成。

上肢的主要骨点有肩胛骨、肩峰、内上髁、鹰嘴、桡骨大头和尺骨头等。

主要肌肉有三角肌、骨下肌、小圆肌、肱二头肌、肱三头肌、肱肌、旋后肌群，屈肌群等。

2）下肢结构

下肢主要由臀部、大腿、小腿和足 4 个部分组成。

主要骨点有髂骨前上棘、大转子、膑骨、外上髁、内上髁、内侧髁、外侧髁、外胫骨前缘、外踝、内踝、足根、足背和脚趾等。

主要肌肉有臀中肌、臀大肌、股直肌、股外侧肌、股内侧肌、股二头肌、股薄肌、半膜肌、半腱肌和两块腓肠肌等。

4. 人体的比例关系

在这里介绍的人体比例关系，主要是以理想的人体比例为例进行介绍。在实际建模过程中，可能存在一定的差异。只要了解理想人体比例关系，在建模过程中再根据实际参考图进行适当调节即可。

在研究人体比例关系时，一般情况下使用人头为参考。在这里主要以身高为七个半头为例进行介绍。

1）全身比例

全身比例如图 4.144 所示。

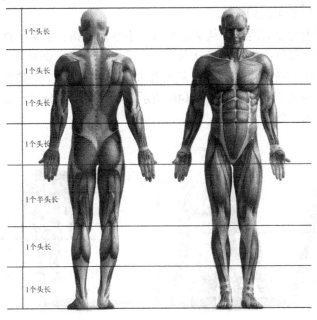

图 4.144 全身比例

（1）从头顶到下巴为一个头长。

（2）从下巴到乳头为一个头长。

（3）从乳头到肚脐为一个头长。

（4）从肚脐到会阴为一个头长。

（5）从会阴到膝盖中部为一个半头长。

（6）从膝盖中部到脚跟为两个头长。

2）躯干比例

躯干一般情况下为 3 个头长，具体比例情况如下。

（1）从正面看，颌底至乳线为一个头长，乳线至肚脐孔为一个头长，肚脐至耻骨稍下方处（会阴）为一个头长，如图 4.144 所示。

（2）从背面看。第七颈椎至肩胛骨下角为一个头长，肩胛骨下角至髂嵴为一个头长，髂嵴至臀部为一个头长，颈宽为二分之一个头长，肩宽为二个头长，如图 4.144 所示。

（3）男女躯干比例差异较大，躯干正面从肩线至腰线再至大转子连线形成的两个梯形来看，男性上大下小，二分之一处在第十肋骨。女性上小下大，二分之一处接近胸廓处。

（4）从侧面看，男女均为喇叭形，背部第七颈椎至臀褶线大于前侧肩窝至耻骨联合的长度。

（5）躯干背面以腰际线为界，男性背部长于臀部，女性背部与臀部的距离相等，即女性背面从肩线至臀部线一半的部位为腰际线。

3）四肢比例

四肢分为上肢和下肢。具体比例情况如下。

（1）上肢一般情况下为三个头长。上臂为一又三分之一头长，前臂为一个头长，手掌为三分之二头长，如图 4.145 所示。

（2）手的长度为宽度的两倍，从掌面观看，手掌比手指长；从手背观看，手指比手掌长；拇指的两节长度相等；另外四指分为三节，手指第一节略长于第二、第三节。

（3）一般情况下，下肢为四个头长，从股骨大转子连线算起，到膝盖中部为两个头长，从膝盖中部到足底为两个头长，如图 4.146 所示。脚背高约四分之一头长，足底（脚板）为一个头长，足宽为三分之一头长。

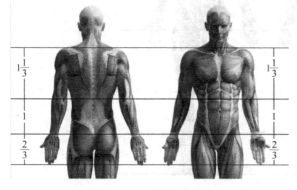

图 4.145　上肢具体比例

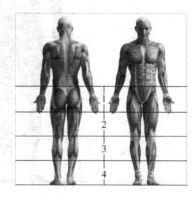

图 4.146　下肢具体比例

提示：一个人的高矮一般情况下由下肢的长度决定。人矮主要是腿短，尤其是小腿短。

5. 人体的肌肉结构关系

在制作 CG 人体模型。熟悉人体肌肉结构和体块关系，对塑造人体的形体有很大的帮助。人体肌肉结构和块面关系，如图 4.147 所示。

图 4.147　人体肌肉结构和块面关系

视频讲解具体操作步骤，请观看配套视频"任务一：人体躯干结构.wmv"。

任务二：根据参考图制作人体的大型

在本任务中以制作一个女性人体模型为例。女性人体与男性人体的制作思路和方法基本相同，不同之处在于他们的外形特征有所不同。

1. 导入参考图

根据前面所学知识，将如图 4.148 和图 4.149 所示的参考图导入 Front（前视图）和 Side（侧视图）。

2. 根据参考图制作女性人体的身体大型

在制作人体模型时，起稿的方法很多，可以从立方体开始，也可以从一个圆柱体开始。可以根据自己的习惯选择自己喜欢的起稿方法。在这里以一个立方体为例。

步骤01：在 Front（前视图）中创建一个 Cube（立方体），根据参考图调节好位置。

步骤02：进入 Cube（立方体）的 Vertex（顶点）编辑模式。分别在 Front（前视图）和 Side（侧视图）中调节 Vertex（顶点）。最终效果如图 4.150、图 4.151 和图 4.152 所示。

步骤03：在 Front（前视图）中，进入模型的 Face（面）编辑模式。选择模型的左侧的一半，如图 4.152 所示，将其删除并切换到 Object Mode（对象模式）。

图 4.148　前视参考图

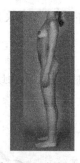

图 4.149　侧视参考

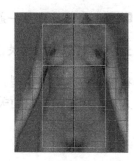

图 4.150　前视图立方体效果

图 4.151　侧视图立方体效果

图 4.151　透视图立方体效果

图 4.152　选择需要删除的面

【步骤04】关联镜像复制。在菜单栏中单击 Edit（编辑）→Duplicate Special（指定复制）→
□图标。弹出 Duplicate Special（指定复制）对话框（具体设置见图 4.153），即可得到如图
4.154 所示的对称复制的对象。

【步骤05】进入模型的 Vertex（顶点）编辑模式。使用移动工具进行调节，最终效果如
图 4.155 所示。

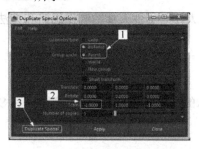

图 4.153　"指定复制"参数设置
对话框

图 4.154　指定复
制之后的效果

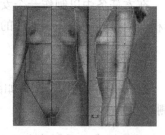

图 4.155　调节之后的效果

3. 制作四肢的大型

1）制作腿的大型

【步骤01】选择如图 4.156 所示的面。

【步骤02】使用 Extrude（挤出）命令对选择的命令进行挤出和进调节，如图 4.157 所示。

【提示】在人体建模中，使用到的建模命令主要位于 Select（选择）、Mesh（网格）和 Edit

Mesh（编辑网格）命令组中，所以在后面的表述中，使用某某命令，表示在菜单栏中单击 Select（选择）、Mesh（网格）或 Edit Mesh（编辑网格）→某某命令。例如：使用 Extrude（挤出）命令，表示在菜单栏中单击 Edit Mesh（编辑网格）→Extrude（挤出）命令。

【步骤03】：继续使用 Extrude（挤出）命令，选择面进行挤出和调节。最终效果如图 4.158 所示。

 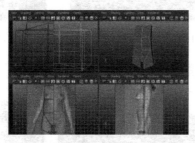 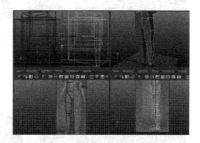

图 4.156　选择的面　　　图 4.157　挤出和调节之后的效果　　　图 4.158　继续挤出调节之后的效果

2）制作脚的大型

【步骤01】：选择如图 4.159 所示的面。

【步骤02】：使用 Extrude（挤出）命令对选择的面进行挤出和调节。最终效果如图 4.160 所示。

3）挤出手的大型

【步骤01】：进入模型的 Face（面）编辑模式，选择如图 4.161 所示的面。

图 4.159　选择需要挤出的面　　　图 4.160　挤出调节之后的效果　　　图 4.161　选择需要挤出的面

【步骤02】：使用 Extrude（挤出）命令，对选择的面进行挤出，进入 Vertex（顶点）编辑模式，调节 Vertex（顶点）。最终效果如图 4.162 所示。

【步骤03】：进入模型的 Face（面）编辑模式，选择如图 4.163 所示的面。

【步骤04】：使用 Extrude（挤出）命令进行挤出并根据参考图调节顶点的位置 6 次。最终效果如图 4.164 所示。

【提示】：在进行挤出的时候，原则上是在关节处的位置用 3 段来表示关节。其他部位能不加线的地方尽量不要加，在后面进行细节调节的时候再加。

【步骤05】：选择手臂的 Vertex（顶点）。按键盘上的 "E" 键，切换到旋转模式，如图 4.165 所示，在前视图进行逆时针方向旋转 90°，效果如图 4.166 所示。

【步骤06】：在 Front（前视图）中，选择如图 4.167 所示的顶点。在 Side（侧视图）中进行逆时针旋转 45°，如图 4.168 所示。

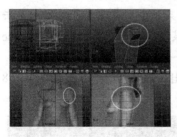

图 4.162　挤出调节之后的效果　　图 4.163　选择需要挤出的面　　图 4.164　挤出 6 次调节之后的效果

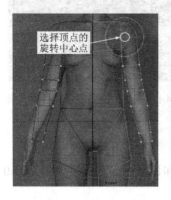

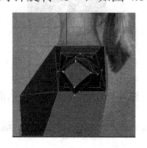

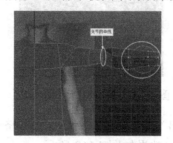

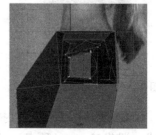

图 4.165　选择点的模式效果　　　图 4.166　旋转 90°之后的效果　　　　图 4.167　选择的顶点

【步骤07】在 Front（前视图）中选择如图 4.169 所示的顶点。在 Side（侧视图）中进行逆时针旋转 45°，如图 4.170 所示。在各个视图中的效果如图 4.171 所示。

图 4.168　旋转 45°的效果　　　　图 4.169　选择的顶点　　　　图 4.170　逆时针旋转 45°的效果

4．挤出人体的脖子大型

【步骤01】进入模型的 Face（面）编辑模式。选择如图 4.172 所示的面。

【步骤02】使用 Extrude（挤出）命令对选择的面进行挤出操作，再进行适当的缩放操作。最终效果如图 4.173 所示。

【步骤03】选择如图 4.174 所示的面，将其删除并调节好位置，如图 4.175 所示。

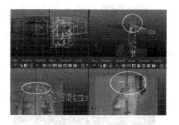

图 4.171　在各个视图中的旋转　　　图 4.172　选择需要挤出的面　　　图 4.173　挤出、缩放的效果
　　　　　　效果

提示：在进行调节的时候，如果参考图不是完全对称的时候，则以一边为基准进行对齐操作即可。

【步骤04】：进入模型的 Face（面）编辑模式，选择如图 4.176 所示的面。

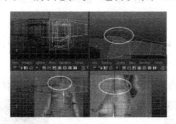

图 4.174　选择需要删除的面　　　图 4.175　删除面调节之后的效果　　　图 4.176　选择需要挤出的面

【步骤05】：使用 Extrude（挤出）对选择的面进行挤出，并将中间的面删除，进行调节。最终效果如图 4.177 所示。

【步骤06】：选择模型的一半将其隐藏，选择没有隐藏的一半面中的废面。选择如图 4.178 所示的面，将其删除，再显示出隐藏的面即可。

提示：在制作对称模型的时候。通常将模型两部分分别放置在不同的图层中。如果需要隐藏某一部分时只要单击 ▼ 复选框即可隐藏，此时复选框变成 ■ 状态。再单击 ■ 复选框可显示出来。创建图层的方法也很简单，在视图中选择需要添加到新建图层的对象。在图层面板中单击 ■（创建新图层并将选择的对象添加到新图层）按钮即可。

5. 对人体模型的整体大型进行适当调节

【步骤01】：使用 Insert Edge Loop Tool（插入环形边）工具插入 2 条环形边，如图 4.179 所示。

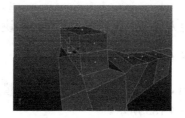

图 4.177　挤出调节之后的效果　　　图 4.178　选择的废面　　　图 4.179　插入 2 条环形边

[步骤02]：将插入的环形边，根据参考图进行调节。最终效果如图 4.180 所示。

[步骤03]：使用 Insert Edge Loop Tool（插入环形边）工具插入 1 条环形边，如图 4.181 所示。

[步骤04]：将插入的环形边，根据参考图进行调节。最终效果如图 4.182 所示。

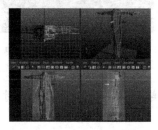  

图 4.180　插入环形边调节之后的　　图 4.181　插入的环形边　　　图 4.182　调节插入环形边
　　　　　 效果　　　　　　　　　　　　　　　　　　　　　　　　　　　　之后的效果

[步骤05]：使用 Insert Edge Loop Tool（插入环形边）工具插入 2 条环形边，如图 4.183 所示。

[步骤06]：根据参考图对插入的环形边进行适当调节。最终效果如图 4.184 所示。

 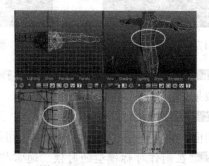

图 4.183　继续插入 2 条环形边　　　　　　　图 4.184　调节之后的效果

[观频播放]具体操作步骤，请观看配套视频"任务二：根据参考图制作人体的大型.wmv"。

任务三：根据参考图表现人体模型的细节

表现人体模型的细节主要使用 Insert Edge Loop Tool（插入环形边）、Multi-Cut（多项剪切）、Merge（缝合）、Merge Edge Tool（缝合边工具）和 Delete Edge/Vertex（删除边/顶点）等命令，对模型进行布线处理。通过合理的布线来表现人体的肌肉走向、关节、凸点和结构。

在布线过程中主要是表现人体表面比较明显的肌肉和块面结构的关系。

1. 对人体躯干部分进行布线调节

[步骤01]：使用 Insert Edge Loop Tool（插入环形边）给模型添加环形边。根据参考图对插入的环形边进行调节，如图 4.185 所示。

[步骤02]：使用 Multi-Cut（多切割）命令，添加如图 4.186 所示的边。

图 4.185　插入的环形边

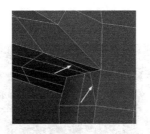

图 4.186　添加的切割边

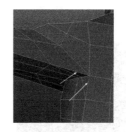

图 4.187　选择需要删除的边

【步骤03】选择如图 4.187 所示的边。使用 Delete Edge/Vertex（删除边/顶点）命令，将其删除，并适当调节顶点的位置，如图 4.188 所示。

【提示】在第 3 步中出现了 2 个五边面，先不用处理，将模型切换到前面，进行布线之后再来处理。

【步骤04】将人体模型切换到前面。使用 Multi-Cut（多项剪切）命令，添加如图 4.189 所示的 Edge（边）。

【步骤05】选择如图 4.190 所示的边使用 Delete Edge/Vertex（删除边/顶点）命令，将其删除，并适当调节顶点的位置，如图 4.191 所示。

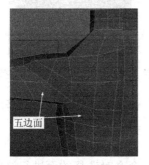

图 4.188　删除边调节之后的效果

图 4.189　添加的切割边

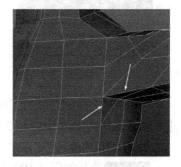

图 4.190　选择需要删除的边

【提示】在第 5 步中出现了 2 个五边面。在这个模型中前后出现了 4 个五边面。刚好通过给五边面加线来化解这 4 个五边面。

【步骤06】使用 Multi-Cut（多切割）命令添加如图 4.192 所示的边，化解了 2 个五边面。

【步骤07】使用 Insert Edge Loop Tool（插入环形边）和 Multi-Cut（多切割）命令，添加如图 4.193 所示的边，化解人体前面的五边面。

【步骤08】使用 Insert Edge Loop Tool（插入环形边）和 Multi-Cut（多切割）命令，添加如图 4.194 所示的边，化解人体后面的五边面。

2. 制作女性人体的乳房和乳头

1）制作乳房

【步骤01】进入模型的 Face（面）选择模式，选择如图 4.195 所示需要挤出的面。

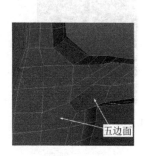

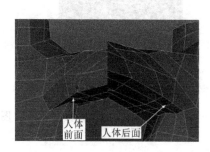

图 4.191　删除选择的边
并调节之后的效果

图 4.192　添加的切割边

图 4.193　插入的环形边

【步骤02】：使用 Extrude（挤出）命令对选择的面进行挤出和适当调节，如图 4.196 所示。

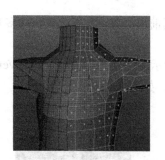

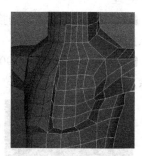

图 4.194　添加的切割边　　图 4.195　选择需要挤出的面　　图 4.196　挤出并调节之后的效果

【步骤03】：选择如图 4.197 所示的面。使用 Extrude（挤出）命令对选择的面进行挤出并进行适当调节，此操作进行 2 次，如图 4.198 所示。

2）制作乳头

【步骤01】：选择如图 4.199 所示的面。使用 Extrude（挤出）命令对选择的面进行挤出并进行适当调节，如图 4.200 所示。

图 4.197　选择需要挤出的面　　图 4.198　挤出 2 次并调节之后的效果　　图 4.199　选择需要挤出的面

【步骤02】：继续使用 Extrude（挤出）命令对面进行挤出和调节，如图 4.201 所示。

【步骤03】：对选择的面进行塌陷操作。在菜单栏中单击 Edit Mesh（编辑网格）→Collapse（收拢）命令即可得到如图 4.202 所示的效果。

【步骤04】：继续对乳房与乳头之间的线进行调节。最终效果如图 4.203 所示。

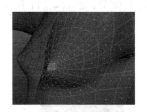

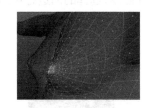

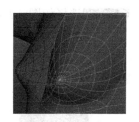

图 4.200　对挤出的面调节 　　图 4.201　挤出并调节之后的面 　　图 4.202　对选择面进行收拢
　　　　　之后的效果　　　　　　　　　　　　　　　　　　　　　　　　操作之后的效果

3. 腹部的细节调节

腹部的细节调节主要是针对腹部的肌肉表现。腹肌的肌肉表现方法也较简单，制作原理是选择腹肌部位的面，对选择的面进行挤出调节即可。

在这里是制作一个女性人体的模型。女性模型的腹肌肌肉不是很明显，所以不需要选择面进行挤出调节。只要在模型的基础上调节顶点的位置和疏密即可。

【步骤01】：观看收集的参考资料，比较典型的参考图如图 4.204 所示。

【步骤02】：根据参考图资料，对模型的布线进行位置调节，如图 4.205 所示。

图 4.203　继续调节之后的效果 　　图 4.204　参考图 　　图 4.205　根据参考图调节
　　　　　　　　　　　　　　　　　　　　　　　　　　　　　　　　　　之后的效果

【步骤03】：绘制出腹部肌肉的大型。使用 Multi-Cut（多切割）命令，绘制效果如图 4.206 所示。

【步骤04】：添加 4 条线段并调节大型，如图 4.207 所示。

【步骤05】：进入模型的 Face（面）编辑模式。选择如图 4.208 所示的面。对选择的面进行挤出、缩放和调节，如图 4.209 所示。

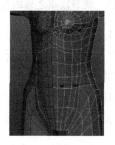

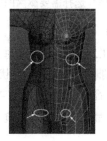

图 4.206　添加的切割边 　　图 4.207　添加的 4 条切割边 　　图 4.208　选择需要挤出的面

【步骤06】: 选择如图 4.210 所示的面。对选择的面进行挤出、缩放和调节,如图 4.211 所示。

图 4.209　挤出并调节之后的效果　　　图 4.210　选择的面　　　图 4.211　挤出调节之后的效果

【步骤07】: 选择如图 4.212 所示的面,对选择的面进行挤出、缩放和调节,如图 4.213 所示。

【步骤08】: 选择如图 4.214 所示的面,对选择的面进行挤出、缩放和调节,如图 4.215 所示。

图 4.212　选择的面　　　　图 4.213　挤出调节之后的效果　　　　图 4.214　选择的面

【步骤09】: 选择如图 4.216 所示的面将其删除,调节 Vertex(顶点)的位置,如图 4.217 所示。

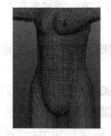

图 4.215　挤出调节之后的效果　　　图 4.216　选择需要删除的面　　　图 4.217　调节顶点之后的效果

【步骤10】: 制作肚脐。使用 Multi-Cut(多切割)命令,绘制如图 4.218 所示的线。

【步骤11】: 选择制作肚脐的面。如图 4.219 所示,对选择的面进行挤出,如图 4.220 所示。

【步骤12】: 将挤出肚脐时的中间夹面删除。调节好形状和位置,如图 4.221 所示。

【步骤13】: 使用 Multi-Cut(多切割)命令,添加如图 4.222 所示的面。

【步骤14】: 使用 Delete Edge/Vertex(删除边/顶点)命令,删除不需要的边并进行适当调节,如图 4.223 所示。

图 4.218　添加的切割边

图 4.219　选择需要挤出肚脐的面

图 4.220　挤出的效果

图 4.221　调节挤出的肚脐效果

图 4.222　添加的面

图 4.223　删除多余边调节之后的效果

【提示】：本项目中表现的是一个女性的腹部肌肉，因此，在进行挤出的时候，挤出的量不要太明显，女性的小腹要圆润和丰满。

4. 表现锁骨和胸锁乳突肌

锁骨和胸锁乳突肌的表现方法是在模型的大型上根据人体骨骼和肌肉走势进行布线。

1）锁骨的表现

【步骤01】：搜集资料了解人体的锁骨和胸锁乳突肌的结构。参考图如图 4.224 所示。

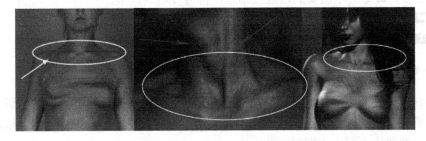

图 4.224　锁骨和胸锁乳突肌的结构参考图

【步骤02】：使用 Insert Edge Loop Tool（插入环形边）命令，插入一条环形边并进行适当调节，如图 4.225 所示。

【步骤03】：在颈部的位置使用 Multi-Cut（多切割）命令，添加边进行适当调节，如图 4.226 所示。

【步骤04】：使用 Multi-Cut（多切割）命令，添加如图 4.227 所示的边，对添加的切割边调节之后的效果，如图 4.228 所示。

图 4.225 插入环形边
调节之后的效果

图 4.226 添加的切割边

图 4.227 添加的切割边

图 4.228 对添加的切割边
调节之后的效果

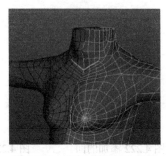

图 4.229 添加并调节之后的
切割边

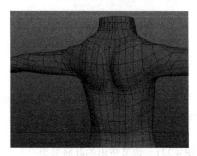

图 4.230 继续添加切割边并调节
之后的肩胛骨效果

【步骤05】：再使用 Multi-Cut（多切割）命令添加边并进行调节，如图 4.229 所示。

【步骤06】：继续使用 Multi-Cut（多切割）命令和 Delete Edge/Vertex（删除边/顶点）命令继续添加边和删边来制作肩胛骨，如图 4.230 所示。

2）制作背部肌肉的表现

背部肌肉的表现方法是使用 Multi-Cut（多切割）命令添加边，使用 Delete Edge/Vertex（删除边/顶点）命令对不需要的边进行删除，再进行适当调节。

【步骤01】：使用 Multi-Cut（多切割）命令添加如图 4.231 所示的边。

【步骤02】：对添加的边进行适当调节，最终效果如图 4.232 所示。

5. 手臂细节的调节

手臂细节的调节主要是对手臂肌肉的表现。手臂肌肉的表现主要有肱二头肌、肱三头肌、三角肌和手臂的一些肌肉。在表现手臂肌肉的时候，不需要将每块肌肉表现出来，而只要将大块的肌肉表现出来即可。

【提示】：在本项目中制作的是一个女性人体，因此在表现肌肉的时候，不要太明显，只要布线符合肌肉的走势即可。

1）肱二头肌的表现

【步骤01】：添加一条边并进行适当调节，如图 4.233 所示。

【步骤02】：使用 Multi-Cut（多切割）命令添加如图 4.234 所示的边，此时，出现了 4 个五边面。

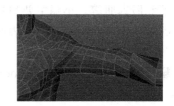

图 4.231　添加的切割边　　　图 4.232　调节之后的效果　　　图 4.233　添加并调节之后的切割边

【步骤03】：使用 Multi-Cut（多切割）命令添加 4 条边，化解掉 4 个五边面。进行适当调节。如图 4.235 所示。

2）表现肱三头肌

【步骤01】：使用 Multi-Cut（多切割）命令添加 2 条边，如图 4.236 所示。

图 4.234　添加的切割边　　　图 4.235　添加的切割边　　　图 4.236　添加的切割边

【步骤02】：再使用 Multi-Cut（多切割）命令添加一条边并进行适当调节，如图 4.237 所示。

【步骤03】：女性的手臂肌肉不是特别发达，在制作女性大型时，肌肉走势基本确定，在这里只要对该部分进行适当缩小和调节即可，最终效果如图 4.238 所示。

6. 腿部细节的调节

腿部细节的调节主要包括大腿的肌肉、小腿的肌肉和膝盖的制作。腿部的肌肉如图 4.239 所示。

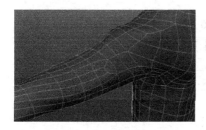

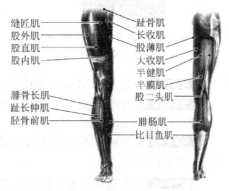

图 4.237　添加切割边并调节　　图 4.238　调节之后的　　　图 4.239　腿部的肌肉参考图
　　　　　之后的效果　　　　　　　女性手臂肌肉效果

大腿主要包括臀大肌、股直肌、股内直肌、股外直肌、阔筋肌、股二头肌、大收肌、半腱肌和股薄肌等。小腿主要包括前胫肌、腓肠肌和比目鱼肌。在建模中不必要将每一块肌肉都表现出来，而是对人体表面特征影响比较大的大块肌肉群调节出来即可。

1）臀部的调节

【步骤01】：使用 Insert Edge Loop Tool（插入环形边）命令，插入一条环形边，如图 4.240 所示。

【步骤02】：对插入的边进行调节，如图 4.241 所示。

【步骤03】：再使用 Insert Edge Loop Tool（插入环形边）命令，插入一条环形边，如图 4.242 所示。

图 4.240　插入的环形边　　　图 4.241　调节之虎的环形边效果　　　图 4.242　插入的环形边

【步骤04】：对插入的边进行调节，如图 4.243 所示。

2）腿部肌肉调节

【步骤01】：插入如图 4.244 所示的一条环形边和两条斜边。

【步骤02】：在膝盖位置进行布线和调节，最终效果如图 4.245 所示。

  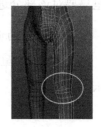

图 4.243　插入环形边调节　　　图 4.244　插入的环形边和　　　图 4.245　膝盖的
　　　　之后的效果　　　　　　　　　两边斜边　　　　　　　　　布线效果

【步骤03】：使用 Multi-Cut（多切割）命令添加如图 4.246 所示的边。

【步骤04】：添加边之后，对布线的边进行调节。最终效果如图 4.247 所示。

3）膝盖小腿细节的调节

【步骤01】：选择膝盖部位需要挤出的面，如图 4.248 所示，进行挤出并调节。调节之后的效果如图 4.289 所示。

【步骤02】：插入循环边并进行适当调节，如图 4.250 所示。

【步骤03】：选择小腿外侧的面，如图 4.251 所示。

【步骤04】：使用 Extrude（挤出）命令，对选择的面进行挤出和调节，如图 4.252 所示。

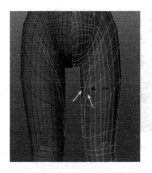

图 4.246　添加的切割边

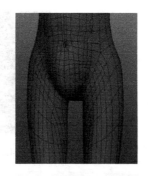

图 4.247　调节之后的效果

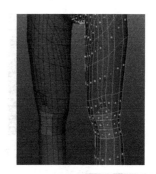

图 4.248　选择需要挤出膝盖的面

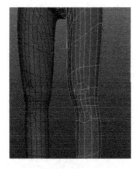

图 4.249　挤出调节之后的
膝盖效果

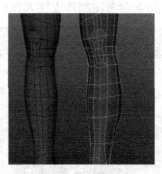

图 4.250　插入循环边
调节之后的效果

图 4.251　选择小腿外侧的面

【步骤05】 选择小腿内侧的面，如图 4.253 所示。

【步骤06】 使用 Extrude（挤出）命令，对选择的面进行挤出和调节，如图 4.254 所示。

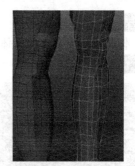

图 4.252　挤出并调节之后的效果　　图 4.253　选择小腿内侧的面　　图 4.254　挤出并调节之后的效果

【步骤07】 对腿窝位置的线进行调节，如图 4.255 所示。

【步骤08】 根据参考图，使用 Sculpting Tools（雕刻工具）对整个模型进行适当调节，最终效果如图 4.256 所示。

【视频播放】 具体操作步骤，请观看配套视频"任务三：根据参考图表现人体模型的细节.wmv"。

图 4.255　脚窝的布线效果

图 4.256　雕刻之后的效果

七、拓展训练

根据案例 2 所学知识，使用如下参考图制作女性人体模型。

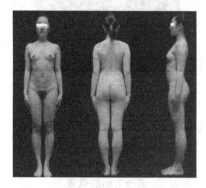

案例 3：人体手、脚的制作及整体调节

一、案例内容简介

本案例介绍了女性人体模型的四肢制作的原理、方法及技巧。

二、案例效果欣赏

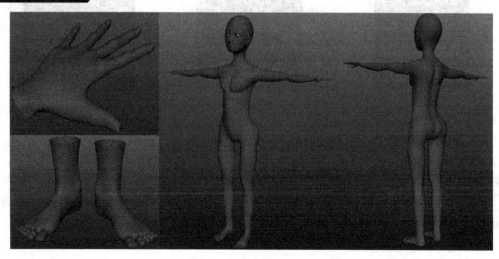

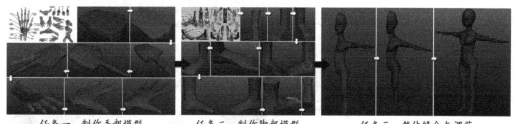

任务一：制作手部模型　　任务二：制作脚部模型　　任务三：整体缝合与调节

四、制作目的

通过该案例的学习，使读者熟练掌握男性与女性四肢之间的异同点、四肢结构和肌肉的分布，四肢的布线原理、方法以及技巧。

五、制作过程中需要解决的问题

（1）男性与女性四肢之间的共性和异性。

（2）人物四肢结构和肌肉分布。

（3）人物四肢骨骼和肌肉的名称及分布情况。

（4）人物四肢的建模流程、方法及技巧。

（5）人物四肢的布线原理以及布线情况。

六、详细操作步骤

在本案例中主要介绍女性的手部、脚部的制作以及整体调节。通过本项目的制作，要熟悉掌握手部和脚部的结构以及制作的原理和方法。

任务一：制作手部模型

1. 了解手部的基本结构

手部在整个人体中所占比例虽然很小，但是在人体建模中它是难度比较大的一部分，因为手部的结构比较复杂，有很多细微的结构变化需要表现。在动画制作中，只有准确地把握细节和合理布线，才能表现手部的很多细腻动作。

1）手部的骨骼

手主要由手腕、手掌和手指三部分组成，如图 4.257 所示。手腕骨骼主要由尺骨和桡骨组成，手掌骨骼主要由腕骨和掌骨组成，手指主要由指骨组成，如图 4.258 所示。真实人物的各种形态的手如图 4.259 所示。

2）手部骨骼的基本介绍

（1）尺骨：是指位于前臂小指侧的长骨。

（2）桡骨：是指位于前臂拇指侧的长骨。

（3）腕骨：是指位于腕部的 8 块不规则的小骨骼，排列成两排，主要由韧带连接成活动的关节。

（4）掌骨：是指构成手掌大小不一的 5 块细长小骨骼。

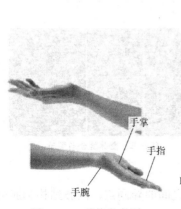

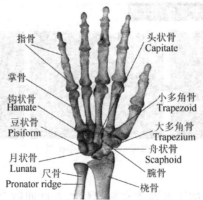
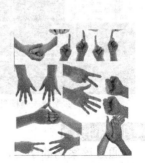

图 4.257　手的参考图　　　　图 4.258　手的骨骼参考图　　　　图 4.259　手的各种形态
参考图

（5）指骨：是指构成手指的细长形小骨骼，共有 14 块。拇指占 2 块，其余每根手指占 3 块。

大拇指由 2 节骨骼构成，其余四根手指各由 3 节骨骼构成。手指张开时呈扇形。

2. 制作手掌模型

手掌模型的制作，主要通过创建一个立方体，在立方体的基础上进行调节来制作。

【步骤01】新建一个场景文件，导入如图 4.260 所示的参考图。

【步骤02】创建一个立方体，如图 4.261 所示。根据参考图调节出手掌的基本大型，如图 4.262 所示。

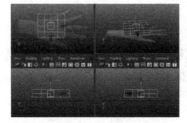

图 4.260　导入的参考图　　　　图 4.261　创建的立方体　　　　图 4.262　手的基本大型

【步骤03】使用 Multi-Cut（多切割）命令添加 3 条线，划分出手指的缝隙，如图 4.263 所示。

【步骤04】再使用 Multi-Cut（多切割）命令添加 4 条线，作为每根手指的中线，如图 4.264 所示。

【步骤05】进入模型的 Vertex（顶点）编辑模式，根据参考图进行适当调节，如图 4.265 所示。

【步骤06】使用 Insert Edge Loop Tool（插入环形边）命令插入一条环形边，确定掌骨的位置，如图 4.266 所示。

图 4.263　添加的切割线　　　图 4.264　添加切割线并调节　　　图 4.265　调节顶点之后的效果
　　　　　　　　　　　　　　　　　　之后的效果

【步骤07】：制作食指的掌骨。选择如图 4.267 所示的面，对选择的面使用 Extrude（挤出）命令进行挤出和调节，最终效果如图 4.268 所示。

图 4.266　插入的环形边　　　图 4.267　选择的面　　　图 4.268　挤出并调节之后的效果

【步骤08】：方法同上，将中指、无名指和小指的掌骨挤出并调节，如图 4.269 所示。

【步骤09】：调节布线。进入模型的 Edge（边）编辑模式。选择如图 4.270 所示的边，使用 Delete Edge/Vertex（删除边/顶点）命令将选择的边删除，如图 4.271 所示。

图 4.269　调节之后的效果　　　图 4.270　调节布线之后的效果　　　图 4.271　删除多余边之后的效果

【步骤10】：使用 Multi-Cut（多切割）命令添加如图 4.272 所示的边。

【步骤11】：删除不需要的边，如图 4.273 所示。根据参考图进行适当调节，如图 4.274 所示。

【步骤12】：添加一条环形线并进行适当调节，如图 4.274 所示。

图 4.272　添加的切割边　　　图 4.273　删除多余边之后的效果　　　图 4.274　添加并调节之后的效果

【步骤13】：对手掌的布线进行调节，如图 4.275 所示。光滑之后的效果如图 4.276 所示。

3. 制作手指模型

在这里先制作手指的中指，食指、无名指和小指通过复制中指并进行适当调节来制作，再单独制作大拇指。

1）制作中指大型

【步骤01】：选择中指位置的面，进行挤出操作，如图 4.277 所示。

图 4.275　调节布线之后的效果　　　图 4.276　光滑之后的效果　　　图 4.277　中指的大型

【步骤02】：在中指的手指连接处，插入一条环形边并进行适当调节，如图 4.278 所示。

【步骤03】：在手指的每个关节位置插入环形边，根据参考图进行适当调节，如图 4.279 所示。

【步骤04】：插入环形边，调节出指肚和指甲所在的位置，如图 4.280 所示。

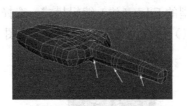

图 4.278　添加的环形边　　　图 4.279　继续添加的环形边　　　图 4.280　调节之后的效果

2）制作中指的指甲

【步骤01】：选择如图 4.281 所示的面。

【步骤02】：使用 Extrude（挤出）命令进行挤出和调节，如图 4.282 所示。

【步骤03】：使用 Insert Edge Loop Tool（插入环形边）命令插入环形边，进行调节，如图 4.283 所示。

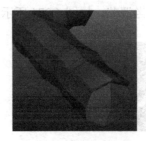

图 4.281　选择的面　　　图 4.282　挤出调节之后的效果　　　图 4.283　插入调节之后的环形边效果

【步骤04】：制作出指甲的硬度。使用 Insert Edge Loop Tool（插入环形边）命令插入环形边，进行调节，最终效果如图 4.284 所示。

3）制作中指的关节效果

【步骤01】：选择如图 4.285 所示的面。

【步骤02】：对选择的面进行挤出，对挤出的面进行适当调节，如图 4.286 所示。

图 4.284　指甲的最终效果　　　图 4.285　选择需要挤出的面　　　图 4.286　挤出并调节之后的效果

【步骤03】：方法同上，制作另一关节的效果，如图 4.287 所示。

4）给中指添加细节，调节中指的掌骨效果

【步骤01】：给手指添加细节。使用 Insert Edge Loop Tool（插入环形边）命令插入环形边，如图 4.288 所示。

【步骤02】：使用 Multi-Cut（多切割）命令添加边，如图 4.289 所示。

图 4.287　手指的关节效果　　　图 4.288　插入的环形边　　　图 4.289　添加切割边之后的效果

【步骤03】：选择如图 4.290 所示的边，将其删除并进行调节，如图 4.291 所示。

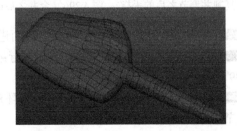

图 4.290　选择需要删除的边　　　　　图 4.291　删除多余边并调节之后的效果

5）制作食指、无名指和小指

食指、无名指和小指模型的制作方法是，选择制作好的中指复制 3 根，根据参考图对复制的中指进行缩放、旋转和调节即可。

【步骤01】：对手掌与手指连接处进行适当调节并删除连接处的面，如图 4.292 所示。

【步骤02】：复制中指。进入模型的 Face（面）编辑模式。选择中指的 Face（面）如图 4.293 所示。

【步骤03】：在菜单栏中单击 Edit Mesh（编辑网格）→Duplicate（复制）命令即可将选择的中指复制一份。

【步骤04】：对复制的中指进行调节，如图 4.294 所示。

图 4.292　删除面之后的效果　　　　图 4.293　选择面　　　　图 4.294　对复制的中指进行调节

【步骤05】：方法同上,再复制两根手指作为无名指和小指，调节好位置和大小，如图 4.295 所示。

【步骤06】：选择所有复制出来的手指和手掌。在菜单栏中单击 Mesh（网格）→Combine（结合）命令。将选择的对象合并成一个对象。

【步骤07】：使用 Merge（合并）和 Multi-Cut（多切割）命令，加边和对顶点进行缝合，并根据参考图进行适当调节，如图 4.296 所示。

6）制作拇指

【步骤01】：选择如图 4.297 所示的 4 个面。

图 4.295　复制并调节之后的手指　　图 4.296　合并之后的手指效果　　图 4.297　选择挤出大拇指的面

【步骤02】：对选择的面进行挤出。对挤出的面进行缩放和调节，如图 4.298 所示。

【步骤03】：继续对面进行挤出。对挤出面进行缩放和调节，确定大拇指的长度和大小，如图 4.299 所示。

【步骤04】：使用 Insert Edge Loop Tool（插入环形边）命令添加环形边，添加的边制作大拇指的关节效果，如图 4.300 所示。

【步骤05】：使用 Insert Edge Loop Tool（插入环形边）命令和 Extrude（挤出）制作大拇指的指甲效果，如图 4.301 所示。

【步骤06】：选择大拇指关节的面，如图 4.302 所示。使用 Extrude（挤出）命令进行挤出，对挤出的面进行调节，如图 4.303 所示。

图 4.298　挤出并调节
之后的效果

图 4.299　继续挤出的面缩放和调
节的效果

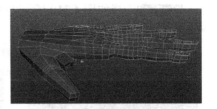

图 4.300　插入的环形边

图 4.301　大拇指的指甲效果

图 4.302　选择需要挤出的面

图 4.303　挤出和调节之后的效果

【步骤07】使用 Multi-Cut（多切割）命令和 Delete Edge/Vertex（删除边/顶点）命令对手背进行添加边和删除边处理。最终效果如图 4.304 所示。

【步骤08】对手掌的线进行调节，如图 4.305 所示。

【步骤09】继续给手掌添加边和调节，如图 4.306 所示。

图 4.304　手背调节之后的效果

图 4.305　手掌调节之后的效果

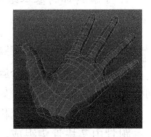

图 4.306　添加边之后的效果

【步骤10】使用 Multi-Cut（多切割）命令，添加一条从手背到手掌的边，如图 4.307 所示。

【步骤11】根据手的结构调节手掌的布线，如图 4.308 所示。

【步骤12】对手背的线进行适当调节，如图 4.309 所示。

图 4.307　添加的边

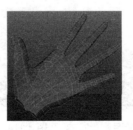

图 4.308　手的布线

图 4.309　调节之后的效果

【步骤13】：选择如图 4.310 所示的面，对选择的面进行挤出，调节出手腕的效果，如图 4.311 所示。

【步骤14】：将不需要的面删除，最终效果如图 4.312 所示。

图 4.310　选择的面　　　　图 4.311　挤出的手腕效果　　　　图 4.312　手的最终效果

提示：关于手的很多细节，在这里就不再继续调节。读者可以根据需要，继续对手的细节进行调节。

视频播放具体操作步骤，请观看配套视频"任务一：制作手部模型.wmv"。

任务二：制作脚部模型

脚部模型的制作原理：使用一个 Polygon（多边形）圆柱体作为基础，对圆柱体的面进行挤出和调节，再根据脚的结构进行布线即可。

1. 了解脚部的基本结构

1）脚部的骨骼结构

脚部的骨骼主要由脚踝和足骨组成。

脚踝分为内脚踝和外脚踝。胫骨下端向内的骨突称为内踝。腓骨在胫骨下延伸的同时向下形成的骨突叫外踝，如图 4.313 所示。

跗骨、距骨和趾骨统称为足骨，如图 4.314 所示。

跗骨由 7 块骨头组成，形成了脚踝和后跟；距骨由 5 块骨头组成，形成了脚掌；趾骨由 14 块骨头组成，形成了脚趾，如图 4.315 所示。

  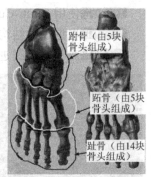

图 4.313　脚的参考图　　　图 4.314　脚的骨骼参考图　　图 4.315　脚的骨骼参考图

在脚部建模中，主要通过骨骼的位置来确定脚部的比例和形状。

2）了解脚部的特点

了解脚部的特点是制作好脚部模型的前提条件。脚部的特点主要有如下几个。

（1）脚掌宽，脚跟窄。

（2）脚趾呈扇形，通常大脚趾最长，小脚趾最短。

（3）脚面内侧厚，外侧薄，呈现出一定的坡度。

（4）脚心内侧往里面收，并且向脚面凹进，与地面形成一定的空隙。

脚部的各种形态，如图 4.136 所示。

2. 制作女性脚部

1）制作女性脚部大型

女性脚部制作的原理是：圆柱体作为基础模型，通过挤出、调节和加线来制作。

[步骤01]： 启动 Maya 2017，根据前面所学知识，导入如图 4.317 所示的脚参考图。

[步骤02]： 在菜单栏中单击 Create（创建）→Polygon Primitives（多边形基本几何体）→Cylinder（圆柱）命令。在 Top（顶视图）中创建一个圆柱体。

[步骤03]： 在视图中根据参考图调节大致形状，如图 4.318 所示。

 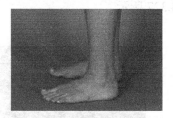 

图 4.316　脚的各种形态参考图　　图 4.317　导入的脚参考图　　图 4.318　调节之后的圆柱体

[步骤04]： 选择脚部前方的 4 个面，如图 4.319 所示。

[步骤05]： 在菜单栏中单击 Edit Mesh（编辑网格）→Extrude（挤出）命令，对选择的面进行挤出操作，根据参考图进行适当调节，如图 4.320 所示。

[步骤06]： 使用 Insert Edge Loop Tool（插入环形边）命令，插入 3 条环形边，对插入的环形边，进行适当调节，如图 4.321 所示。

图 4.319 选择的面　　图 4.320　挤出调节之后的效果　　图 4.321　插入环形边并调节之后的效果

[步骤07]： 使用 Split Polygon Tool（分离多边形工具）命令添加边划出 5 根脚趾的位置，如图 4.322 所示。

【步骤08】：使用 Insert Edge Loop Tool（插入环形边）命令添加一条环形边，给挤出脚指位置添加细节，如图 4.323 所示。

【步骤09】：使用 Multi-Cut（多切割）命令添加边，划分出拇掌肌的位置，如图 4.324 所示。

图 4.322　划分出的脚趾布线　　　图 4.323　插入的环形边　　　图 4.324　添加的切割边

【步骤10】：使用 Multi-Cut（多切割）命令添加边，添加如图 4.325 所示的边。

【步骤11】：使用 Delete Edge/Vertex（删除边/顶点）命令，删除不需要的边，进行适当调节，如图 4.326 所示。

【步骤12】：使用 Insert Edge Loop Tool（插入环形边）命令和 Multi-Cut（多项剪切）命令，划分出脚指中间的边，如图 4.327 所示。

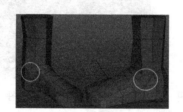
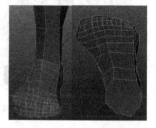

图 4.325　添加的切割边　　　图 4.326　删除多余的边并调节　　　图 4.327　脚指中间的边
　　　　　　　　　　　　　　　　　　　　之后的效果

【步骤13】：再使用 Multi-Cut（多切割）命令对脚掌进行布线调节，如图 4.328 所示。

2）制作脚趾部分

【步骤01】：选择挤出大拇脚趾位置的面。进行挤出并进行适当调节，如图 4.329 所示。

【步骤02】：使用 Insert Edge Loop Tool（插入环形边）命令添加环形边，每加入一条环形边都需要进行调节，如图 4.330 所示。

图 4.328　脚掌的布线　　　图 4.329　挤出的大拇指效果　　　图 4.330　调节之后的大拇指

【步骤03】: 选择如图 4.331 所示面，对选择的面进行挤出操作。

【步骤04】: 对挤出的面进行调节，如图 4.332 所示。

【步骤05】: 使用 Insert Edge Loop Tool（插入环形边）命令插入环形边，对插入的环边进行适当调节，如图 4.333 所示。

图 4.331　选择的面　　　图 4.332　挤出调节之后的效果　　　图 4.333　插入并调节之后的效果

【步骤06】: 方法同制作大拇脚趾一样，制作出其他 4 根脚趾，如图 4.334 所示。

3）脚部的其他结构表现布线

【步骤01】: 使用 Multi-Cut（多切割）和 Delete Edge/Vertex（删除边/顶点）命令，通过加线和删线修改内外脚踝处的布线，如图 4.335 所示。

【步骤02】: 添加一条环形边，再进行整体位置调节。选择如图 4.336 所示面用来挤出外脚踝的效果。

图 4.334　其他脚趾的效果　　　图 4.335　内外脚踝处的布线　　　图 4.336　选择的面

【步骤03】: 对选择的面进行挤出和调节，如图 4.337 所示。

【步骤04】: 选择如图 4.338 所示的面，用来挤出内脚踝效果。

【步骤05】: 对选择的面进行挤出和调节，如图 4.339 所示。

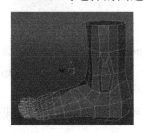

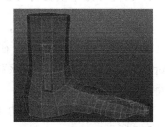

图 4.337　调节之后的效果　　　图 4.338　选择的面　　　图 4.339　挤出调节之后的效果

【步骤06】: 使用 Multi-Cut（多切割）添加两条如图 4.340 所示的边。

【步骤07】: 使用 Multi-Cut（多切割）和 Delete Edge/Vertex（删除边/顶点）命令，给脚后

跟添加或删除边，如图 4.341 所示。

【提示】内踝骨的凸起和外踝骨的凸起不在同一高度，内踝骨的凸起要高于外踝骨的凸起。

【步骤08】根据参考图调节出脚胫的形态，如图 4.342 所示。

图 4.340　添加的切割边　　　　图 4.341　脚后跟效果　　　　图 4.342　脚胫的形态

【步骤09】选择如图 4.343 所示的面，将其删除，最终效果如图 4.344 所示。

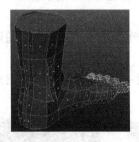　　　　　　

图 4.343　选择的面　　　　　　　图 4.344　删除面之后的效果

【视频播放】具体操作步骤，请观看配套视频"任务二：制作脚部模型.wmv"。

任务三：整体缝合与调节

在整体缝合与调节中主要用到的命令有 Combine（结合）、Smooth（平滑）、Multi-Cut（多项剪切）、Insert Edge Loop Tool（插入环形边工具）、Merge（合并）和 Delete Edge/Vertex（删除边/顶点）等命令。

1. 头部与身体模型的缝合

【步骤01】启动 Maya 2017，打开身体模型文件。

【步骤02】导入头部模型。在菜单栏中单击 File（文件）→Import…（导入）命令，弹出 Imoprt（导入）对话框，在该对话中单选头部模型的文件。单击 Import…（导入）按钮即可将头部模型导入场景中。

【步骤03】使用缩放、移动工具对导入的头部模型进行缩放和移动操作。最终效果如图 4.345 所示。

【步骤04】分别删除头部和身体模型的一半，如图 4.346 所示。

【步骤05】选择剩下的一半头部模型和身体模型。在菜单栏中单击 Mesh（网格）→ Combine（结合）命令，将两个模型结合为一个模型。

【步骤06】：进入结合之后模型的 Vertex（顶点）编辑模式，使用 Merge（合并）命令进行结合处理，最终效果如图 4.347 所示。

图 4.345　导入头部模型
调节之后的效果

图 4.346　删除一半模型的效果

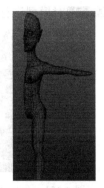

图 4.347　结合之后的效果

2. 手部、脚部与身体的缝合

【步骤01】：方法同上，导入手部和脚部模型。

【步骤02】：使用缩放和移动工具对导入的手部和脚部进行缩放和位置调节，如图 4.348 所示。

【步骤03】：选择场景中的所有模型。在菜单栏中单击 Mesh（网格）→Combine（结合）命令，将选择的模型结合成一个对象。

【步骤04】：进入合并之后模型的 Vertex（顶点）编辑模式。使用 Merge（合并）命令进行缝合处理。最终效果如图 4.349 所示。

【步骤05】：对缝合好的模型进行镜像复制。选择模型，在菜单栏中单击 Edit（编辑）→Duplicate Special（指定复制）命令即可，如图 4.350 所示。

图 4.348　导入手和脚之后的效果

图 4.349　合并之后的效果

图 4.350　指定复制之后的效果

【步骤06】：选择人体模型的两部分。在菜单栏中单击 Mesh（网格）→Combine（结合）命令，将选择的模型合并成一个对象。

【步骤07】：使用 Merge（合并）命令对 Combine（结合）之后的模型进行顶点缝合。最终效果如图 4.351 所示。

【步骤08】：对模型进行比例的整体调节，最终效果如图 4.352 所示。

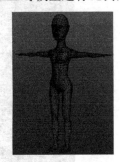

图 4.351　合并之的效果　　　　　　　图 4.352　女性人体的最终效果

【提示】：读者可以根据实际参考图，使用前面所学知识，继续进行更多的细节调节。

【视频播放】具体操作步骤，请观看配套视频"任务三：整体缝合与调节.wmv"。

七、拓展训练

运用案例 1～案例 3 所学知识，根据如下参考图制作一个男性人体模型。

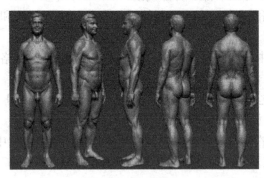

【提示】男性人体与女性人体的制作和布线方法基本相同，但在制作和布线过程中要注意男性人体与女性人体之间的差别。

男性人体与女性人体的具体差别如下。

1. 男女形体差异

男女形体的差别如图 4.353 和表 4-1 所示。

表 4-1

部位	男性	女性
头骨	呈方形，显得比较大	呈圆形，显得比较小
脖子	比较粗，显得比较短	比较细，显得比较长
肩膀	高、平、方、宽，两肩的宽度为两个头长	低、斜、圆、窄，两肩之间的宽度约为 5/3 头长
胸廓	比较大，两乳头之间为一个头长	比较小，两乳头之间不足一个头长

续表

部位	男性	女性
腰	比较粗，腰线位置低，接近肚脐	腰细，腰线位置高，高出肚脐很多
盆骨	窄而高，臀部较窄小，只有一个半头长或更窄	阔而低，臀部比较宽大，基本上与肩膀一样宽，为一个半至两个头长或更宽
上肢	手足显粗壮	较修长
下肢	显得长而健壮（大腿肌肉起伏明显，轮廓清晰，小腿肚大，脚趾比较粗短）	修长而优美（大腿肌肉圆润丰满，轮廓平滑，小腿肚小，脚趾比较细长）

2. 男女骨骼结构区别

男女骨骼结构区别如图 4.354 所示。

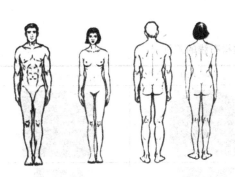

图 4.353　男女形体的差别

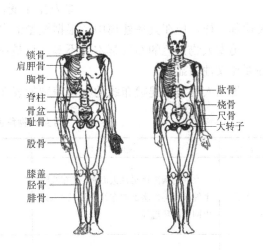

图 4.354　男女骨骼结构区别

男女骨骼结构主要有如下 3 点区别。

（1）男女骨骼数目相同，但男性骨骼一般比女性重，上肢骨和下肢骨都比女性长，导致男性比女性高。

（2）女性骨骼较窄小，整体上具有上下窄和中间宽的特点。随着发育的日益成熟，女性盆骨明显大，肩则相对较窄。

（3）通常情况下，男性颅骨粗大，骨面粗糙，骨质较重；颅腔容量大，前额骨倾斜度较大；眉间、眉弓突出显著；眼眶较大较深，眶上缘较钝较厚；鼻骨宽大，梨状孔高；颞骨乳突显著，后缘较长，围径较大；颧骨高大，颧弓粗大；下颌骨较高、较厚、较大，颅底大而粗糙。女性的头部接近于椭圆，颧骨等头骨的突出并不明显。

3. 男女肌肉与脂肪分布区别

男女肌肉与脂肪分布区别如图 4.355 所示。

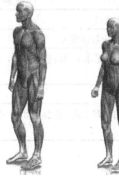

图 4.355　男女肌肉与脂肪分布区别

从肌肉上看，男性肌肉比女性发达，肌纤维较粗，男女肌肉总量的比例为 5∶3。

从脂肪上来看，女性脂肪比较丰富，占体重的比例较大。尤其在青春期，女性脂肪增加得比较多，使其看起来更加丰满。男性在此期间脂肪通常不仅不增加，反而逐渐减少。女性的脂肪主要分布在腰部、臀部、大腿以及乳房等位置。

4. 男女建模布线区别

在人体建模中，布线的目的是为了塑造造型，如果造型发生了变化，布线也要跟着变化。角色建模的基本布线规律都一样，但在具体建模中，根据模型的自身特点，在细节上布线有所差别。

男女人物角色的布线基本差不多，只是在肌肉和形体表现的明显程度上有所区别。男性要比女性明显。

男女人物角色建模布线的具体差别如表 2 所示。

表 2　男女人物角色建模布线的差别

部位	说明	男性布线图	女性布线图
胸部	女性的胸部比男性大而圆，在布线时不能采用男性胸部的布线方法，而应采用圆形的环形线		
腹部	女性腹部肌肉表现不是很明显，形状比较偏圆，布线更为光滑、规则		
手臂	女性手臂肌肉表现不明显，布线时可以将肌肉形状弱化做出大致结构即可。男性手臂则需要表现出肌肉结构，必须根据肌肉形状及走势布线		
腿部	女性腿部肌肉表现不明显，布线时可以将肌肉形状弱化做出大致结构即可。男性腿部则需要表现出肌肉结构，必须根据肌肉形状及走势布线		

在调节人体布线时，要将女性身体的曲线与优美的特征表现出来，而男性，要将男性身体的阳刚之气的特征表现出来。

第 5 章　卡通角色模型的制作

🔷 说明:

本章主要通过 3 个案例介绍使用 Maya 2017 中的 Polygon（多边形）建模技术和 Surfaces（曲面）建模技术制作卡通角色的方法、技巧、布线和流程。熟练掌握本章内容，可以举一反三地制作出各种卡通角色模型。

🔷 教学建议课时数:

一般情况下需要 16 课时，其中，理论 6 课时，实际操作 10 课时（特殊情况可作相应调整）。

本章案例导读及效果预览（部分）

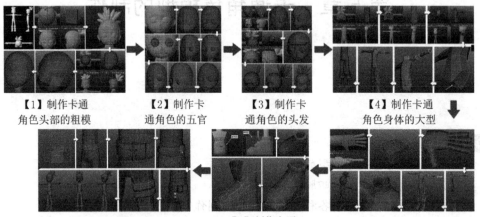

【1】制作卡通　　【2】制作卡　　【3】制作卡　　【4】制作卡通
角色头部的粗模　　通角色的五官　　通角色的头发　　角色身体的大型

【7】制作卡通角色的皮带和其他装饰品　　【6】制作卡通
角色的靴子模型　　【5】制作卡通角色的手部模型

案例简介

本章主要通过3个案例介绍使用Maya 2017中的Polygon（多边形）建模技术和Surfaces（曲面）建模技术制作卡通角色的方法、技巧、布线和流程。熟练掌握本章内容，可以举一反三制作出各种卡通角色模型。

案例技术分析

本章案例模型的制作，第一，要了解卡通角色的特点。卡通角色模型制作的流程、方法和技巧。第二，使用多边形建模命令和曲面建模命令制作卡通角色的大型，将其转换为多边形模型。第三，对转换的模型进行细调，第四，制作卡通角色的其他装饰模型。

案例制作流程

本章主要通过3个案例介绍现卡通角色模型制作的原理、方法以及技巧。案例1：卡通角色头部模型的制作；案例2：卡通角色身体和四肢模型的制作；案例3：卡通角色鞋子和各种装饰品模型的制作。

案例素材： 本章案例素材和工程文件，位于本书配套光盘中的"Maya 2017jsjm/Chapter05/相应案例的工程文件目录"文件夹。

视频播放： 本章案例视频教学文件位于配套光盘中的"视频教学"文件夹。

在本章中主要通过3个案例全面介绍卡通角色模型的原理、方法和技巧以及基本流程。熟练掌握本章内容，可以举一反三地制作各种卡通角色模型。

案例1：卡通角色头部模型的制作

一、案例内容简介

本案例主要介绍了卡通角色的特征、卡通类角色与写实类角色之间的异同点、以及卡通角色头部建模的原理、方法、技巧和布线规则。

二、案例效果欣赏

三、案例制作流程（步骤）及技巧分析

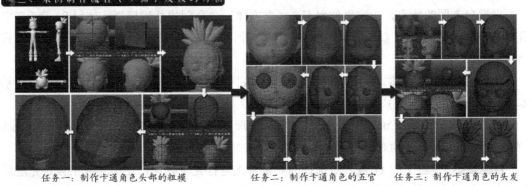

任务一：制作卡通角色头部的粗模　　任务二：制作卡通角色的五官　　任务三：制作卡通角色的头发

四、制作目的

了解卡通角色的特征，了解卡通类角色与写实类角色之间的异同点，熟练掌握卡通角色头部建模。

五、制作过程中需要解决的问题

（1）卡通类角色的特征。

（2）卡通类角色与写实类角色之间的异同点。

（3）卡通类角色建模的原理和布线规则。

（4）卡通角色头部模型制作的原理和布线规则。

（5）制作卡通角色头部模型时一定要把握住角色的结构特征。

六、详细操作步骤

任务一：制作卡通角色头部的粗模

1. 创建工程文件和导入参考图

关于工程文件的创建，读者可以参考本书第 1 章。

根据前面所学知识，将图 5.1、图 5.2 和图 5.3 分别导入 Front（前视图）、Side（侧视图）和 Top（顶视图）中。

图 5.1　前视图　　　　　　　图 5.2　侧视图　　　　　　　图 5.3　顶视图

2. 制作卡通角色头部的粗模

根据参考图的特点，在这里使用 Cub（立方体）命令创建基础模型，使用 Smooth（平滑）命令对创建的 Cub（立方体）进行平滑处理，再进入模型的 Vertex（顶点）编辑模式进行调节。

【步骤01】：创建立方体。在菜单栏中单击 Create（创建）→Polygon Primitives（多边形基本体）→Cube（立方体）命令，在 Top（顶视图）中创建一个立方体，如图 5.4 所示。

【步骤02】：对创建的 Cube（立方体）进行平滑处理。在菜单栏中单击 Mesh（网格）→Smooth（光滑）命令。对选择的对象进行光滑处理。

【步骤03】：按键盘上的 G 键，对选择的对象再次进行光滑处理。使用缩放工具对光滑后的对象进行适当的缩放操作。最终效果如图 5.5 所示。

【提示】：按键盘上的 "G" 键，是重复上一次使用的命令的快捷键。

【步骤04】：进入模型的 Face（面）编辑模式。在 Front（前视图）中选择对象的一半将其删除。如图 5.6 所示。

【步骤05】：切换到模型的对象编辑模式。在菜单栏中单击 Edit（编辑）→Duplicate Special（指定复制）→□图标。弹出【Duplicate Special Options（指定复制选项）】对话框，具体设置如图 5.7 所示。单击 Duplicate Special（指定复制）按钮即可得到如图 5.8 所示的效果。

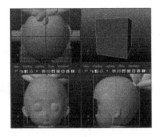

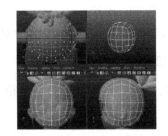

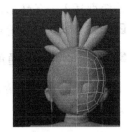

图 5.4　创建的立方体　　　图 5.5　光滑和调节之后的效果　　　图 5.6　删除一半的效果

【步骤06】：进入模型的 Vertex（顶点）编辑模式。在 Side（侧视图）中调节模型的顶点，如图 5.9 所示。

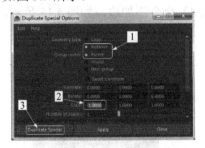

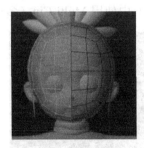

图 5.7　"指定复制选项"对话框　　图 5.8　指定复制效果　　图 5.9　调节顶点之后的效果

【提示】在调节时要注意，模型相对于参考图，要往里缩一点，留有一点空间制作头发。

【步骤07】：进入模型的 Face（面）编辑模式，选择挤出颈部的 4 个面，如图 5.10 所示。

【步骤08】：在菜单栏中单击 Edit Mesh（编辑网格）→Extrude（挤出）命令，对选择的面进行挤出操作。再对挤出的面进行调节，最终效果如图 5.11 所示。

【步骤09】：进入模型的 Face（面）编辑模式，将挤出后的地面和中间重合的面删除，按键盘上的 3 键，效果如图 5.12 所示。

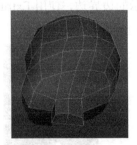

图 5.10　选择需要挤出的面　　　图 5.11　挤出面效果　　　图 5.12　删除多余面效果

【提示】分别按键盘上的"1"、"2"和"3"，模型则分别以低精度、中精度和高精度模式显示。在对模型进行调节时，建议在低精度显示模式下调节。观看最终结果时，则以高精度模式显示。

【步骤10】：在菜单栏中单击 Mesh Tools（网格工具）→Insert Edge Loop（插入环形边）命

令，给模型插入一条环形边，如图 5.13 所示。

视频播放 具体介绍，请观看配套视频"任务一：制作卡通角色头部的粗模.wmv"。

任务二：制作卡通角色的五官

卡通角色五官（眼睛、嘴巴、鼻子和耳朵）的制作相对真实人体的五官制作要简单得多。

1. 制作卡通角色的眼睛

步骤01：使用 Insert Edge Loop Tool（插入环形边）命令插入 2 条环形边。划分出眼睛和鼻子的区域，如图 5.14 所示。

步骤02：在 Front（前视图）中使用 Multi-Cut（多切割）命令添加边，如图 5.15 所示。

  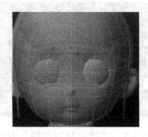

图 5.13　插入的环形边　　　　图 5.14　插入的环形边　　　　图 5.15　添加的切割边

步骤03：进入模型的 Vertex（顶点）编辑模式，对顶点进行调节，最终效果如图 5.16 所示。

步骤04：进入模型的 Face（面）编辑模式。删除制作眼睛部位的面，如图 5.17 所示。

步骤05：使用 Insert Edge Loop Tool（插入环形边）命令插入环形边，并对顶点进行调节。最终效果如图 5.18 所示。

步骤06：选择如图 5.19 所示的边界边，使用 Extrude（挤出）命令对选择的边界边进行挤出 2 次，调节出眼睛的形态，如图 5.20 所示。

图 5.16　调节顶点之后的效果　　图 5.17　删除多余面之后的效果　　图 5.18　插入环形边并调节
　　　　　　　　　　　　　　　　　　　　　　　　　　　　　　　　　　　之后的效果

步骤07：在菜单栏中单击 Create（创建）→Polygon Primitives（多边形基本体）→Sphere（球体）命令，创建一个 Sphere（球体）。对创建的 Sphere（球体）进行缩放和位置调节，制作出眼珠。

步骤08：再对称复制一个，调节好位置，如图 5.21 所示。

图 5.19　选择的边界边　　　图 5.20　挤出 2 次调节之后的效果　　　图 5.21　创建的眼睛效果

2. 制作卡通角色的鼻子

卡通角色的鼻子制作比写实人物角色的鼻子简单得多，只要选择鼻子部分的面进行挤出，对挤出的面进行适当调节即可。

步骤01：进入模型的 Face（面）编辑模式，选择如图 5.22 所示的面。

步骤02：对选择的面进行挤出和调节，将挤出的中间面删除，最终效果如图 5.23 所示。

3. 制作卡通角色的嘴巴

卡通角色的嘴巴制作主要通过添加环形边和调节来制作。

步骤01：使用 Insert Edge Loop Tool（插入环形边）命令插入环形边确定嘴巴的位置。如图 5.24 所示。

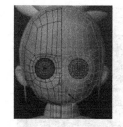

图 5.22　选择的面　　　图 5.23　挤出并调节之后的效果　　　图 5.24　插入的环形边

步骤02：使用 Multi-Cut（多切割）绘制出嘴巴的环形边，并进行调节如图 5.25 所示。

步骤03：继续使用 Insert Edge Loop Tool（插入环形边）和 Multi-Cut（多切割）命令添加环形边和边。对添加的环形边和边进行调节，如图 5.26 所示。

步骤04：选择嘴部的面将其删除，如图 5.27 所示。

步骤05：选择嘴部的边界边，如图 5.28 所示，对选择的边界边进行挤出和调节，最终效果如图 5.29 所示。

4. 制作卡通角色的耳朵

卡通角色的耳朵制作与制作鼻子的方法一样，选择面对选择的面进行挤出和调节即可。

步骤01：进入模型的 Face（面）编辑模式，选择如图 5.30 所示的面。

177

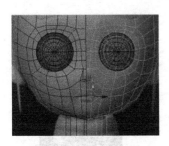

图 5.25　添加的切割边

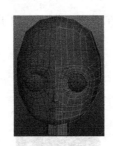

图 5.26　添加边并调节之后的效果

图 5.27　删除多余面之后的效果

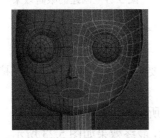

图 5.28　选择的边界边

图 5.29　挤出调节之后的嘴效果

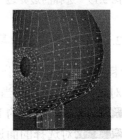

图 5.30　选择的面

【步骤02】：对选择的面进行挤出，如图 5.31 所示。使用 Merge（合并）命令将耳根处的顶点合并，如图 5.32 所示。

【步骤03】：再使用 Extrude（挤出）命令，选择耳朵处的面进行挤出和调节，最终效果如图 5.33 所示。

图 5.31　挤出的效果

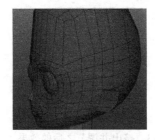

图 5.32　合并和调节之后的效果

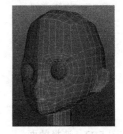

图 5.33　挤出和调节之后的效果

【步骤04】：使用 Insert Edge Loop Tool（插入环形边）插入 3 条环形边并进行适当调节，最终效果如图 5.34 所示。

视频播放 具体操作步骤，请观看配套视频"任务二：制作卡通角色的五官.wmv"。

任务三：制作卡通角色的头发

【步骤01】：根据参考图，使用 Multi-Cut（多切割）命令添加出头发的边界，如图 5.35 所示。

【步骤02】：进入模型的 Face（面）编辑模式，选择如图 5.36 所示的面。

【步骤03】：对选择的面进行挤出 2 次和调节，最终效果如图 5.37 所示。

图 5.34　卡通耳朵效果

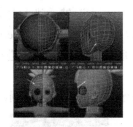

图 5.35　添加的切割边

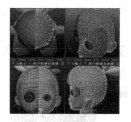

图 5.36　选择需要挤出的面

【步骤04】：将头部中间挤出的面删除。

【步骤05】：选择如图 5.38 所示的面，进行挤出，根据参考调节出头发的形状，如图 5.39 所示。

图 5.37　挤出的头发效果

图 5.38　删除中间多余面之后的效果

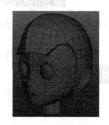

图 5.39　头发的形状

【步骤06】：选择头部模型两半。在菜单栏中单击 Mesh（网格）→Combine（合并）命令，将两个模型合并成一个对象。

【步骤07】：进入模型的 Vertex（顶点）编辑模式，选择如图 5.40 所示的顶点。在菜单栏中单击 Edit Mesh（编辑网格）→Merge（合并）命令，对选择的顶点进行合并，最终效果如图 5.41 所示。

【步骤08】：在菜单栏中单击 Create（创建）→Polygon Primitives（多边形基本体）→Torus（圆环）命令，在 Front（前视图）中创建一个圆环。对创建的圆环进行位置、缩放和旋转操作，如图 5.42 所示。

图 5.40　选择的顶点

图 5.41　合并顶点之后的效果

图 5.42　创建圆环并调节之后的效果

【步骤09】：在菜单栏中单击 Create（创建）→Polygon Primitives（多边形基本体）→Sphere（球体）命令，在 Top（顶视图）中创建一个球体，对创建的球体进行缩放、旋转和位置的调节。最终效果如图 5.43 所示。

【提示】：在对创建的球体进行旋转操作时，要将旋转的轴心点移到球体的底部中心位置。

移动轴心的方法如下：单击键盘上的"Insert"键，进入对象的轴心点编辑模式，使用移动工具进行移动，移动操作完成后，再次单击键盘上的"Insert"键，退出轴心点的编辑模式。

【步骤10】：方法同上，再创建 12 个球体，根据参考图进行缩放、旋转和位置调节，最终效果如图 5.44 所示。

【步骤11】：按键盘上的"3"键，显示效果如图 5.45 所示。

图 5.43　创建球体并调节之后的效果　　图 5.44　复制并调节之后的效果　　图 5.45　卡通角色最终效果

视频播放 具体操作步骤，请观看配套视频"任务三：制作卡通角色的头发.wmv"。

七、拓展训练

运用案例 1 所学知识，根据参考图制作头部模型。

案例 2：卡通角色身体和四肢模型的制作

一、案例内容简介

本案例主要介绍了卡通角色身体和四肢的建模方法，卡通角色手的特征、卡通角色手部与写实类角色手部之间的异同点，卡通角色手部关节的布线原则。

二、案例效果欣赏

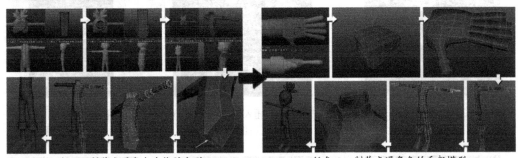

任务一：制作卡通角色身体的大型　　　　　　　　任务二：制作卡通角色的手部模型

四、制作目的

　　了解卡通角色身体与四肢的特点，掌握卡通角色身体和四肢建模的原理、方法、技巧以及布线原则。

五、制作过程中需要解决的问题

　　（1）根据参考图制作卡通角色的大型。

　　（2）卡通类角色手模型的结构特征。

　　（3）卡通类角色手部模型制作的原理、方法和技巧。

　　（4）卡通类角色手部与写实类角色手部之间的相同与区别。

　　（5）卡通类角色手部关节的布线原则。

六、详细操作步骤

　　卡通角色身体模型的制作比前面介绍的写实人体的制作要简单得多，读者可以以一个立方体或圆柱体作为基础模型，通过挤出、调节和布线来制作。

任务一：制作卡通角色身体的大型

1. 制作卡通角色的上身大型

【步骤01】在菜单栏中单击 Create（创建）→Polygon Primitives（多边形基本体）→Cylinder（圆柱体）命令，在 Top（顶视图）中创建一个圆柱体。

【步骤02】根据参考图对创建的圆柱体进行缩放和位置调节，如图 5.46 所示。

【步骤03】将圆柱体的顶面删除。使用 Insert Edge Loop Tool（插入环形边）命令给圆柱体添加线并根据参考图进行适当调节，如图 5.47 所示。

【步骤04】进入模型 Face（面）编辑模式，在 Front（前视图）中选择模型的一半将其删除，如图 5.48 所示。

【步骤05】对剩下的一半模型进行关联复制。如图 5.49 所示。

【步骤06】使用 Insert Edge Loop Tool（插入环形边）命令插入环形边并根据参考图对模型的顶点进行调节，如图 5.50 所示。

【步骤07】选择手臂与身体连接处的面进行挤出和调节，如图 5.51 所示，继续插入环形边和调节，手的效果如图 5.52 所示。

图 5.46 创建的圆柱体

图 5.47 插入环形边并调节
之后的效果

图 5.48 删除一半
之后的效果

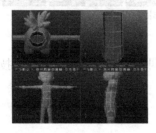

图 5.49 关联复制的效果

图 5.50 插入环形边并调节
之后的效果

图 5.51 挤出并调节
之后的效果

【步骤08】：继续使用 Insert Edge Loop Tool（插入环形边）命令在颈部的位置插入环形并进行调节，如图 5.53 所示。

【步骤09】：使用 Multi-Cut（多切割）命令添加一条边并进行适当调节，如图 5.54 所示。

图 5.52 将手插入环形边并调节
之后的效果

图 5.53 在颈部位置插入
环形边并调节之后的效果

图 5.54 添加的切割边

【步骤10】：继续使用 Multi-Cut（多切割）命令添加边并进行调节，如图 5.55 所示。

【步骤11】：使用 Insert Edge Loop Tool（插入环形边）命令给卡通角色身体腰部添加环形边并进行调节，如图 5.56 所示。

2. 制作卡通角色下身的大型

【步骤01】：进入模型的 Face（面）编辑模式。选择上身与腿部连接的面，如图 5.57 所示。

【步骤02】：使用 Extrude（挤出）命令对选择的面进行挤出，根据参考图进行适当缩放和调节，如图 5.58 所示。

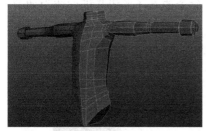

图 5.55　添加切割边并调节之后的效果　　图 5.56　插入环形边并调节　　图 5.57　选择的面
之后的效果

【步骤03】：使用 Insert Edge Loop Tool（插入环形边）命令插入一条环形边，对插入的边进行适当调节，如图 5.59 所示。

【步骤04】：继续使用 Insert Edge Loop Tool（插入环形边）命令插入环形边，根据参考图进行缩放和调节，如图 5.60 所示。

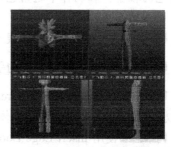

图 5.58　对选择面挤出的效果　　图 5.59　插入的环形边　　图 5.60　插入环形边并调节之后的效果

【步骤05】：选择需要挤出卷起的裤脚的位置，如图 5.61 所示。

【步骤06】：对选择的面进行挤出和调节，如图 5.62 所示。

【步骤07】：使用 Insert Edge Loop Tool（插入环形边）命令插入环形边，根据参考图进行适当缩放和调节，如图 5.63 所示。

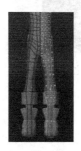

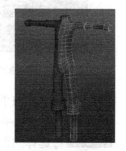

图 5.61　选择的面　　图 5.62　挤出调节之后的效果　　图 5.63　插入环形边和
调节之后的效果

【步骤08】：选择如图 5.64 所示的面，对选择的面进行挤出。对挤出的面进行调节，调节出脚的大型，如图 5.65 所示。

【步骤09】使用 Insert Edge Loop Tool（插入环形边）命令插入环形边并进行适当调节，如图 5.66 所示。

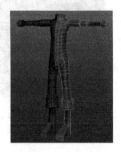

图 5.64　选择需要挤出的面　　图 5.65　挤出并调节之后的效果　　图 5.66　插入环形边并调节
之后的效果

【提示】本卡通角色的脚部不需要制作细节或者不做都没有关系，因为后面还需要制作卡通角色的鞋子。在制作卡通角色时，看不到的地方不需要制作，如果制作了反而增加模型的不必要的面数。

【视频播放】具体操作步骤，请观看配套视频"任务一：制作卡通角色身体的大型.wmv"。

任务二：制作卡通角色的手部模型

【步骤01】在菜单栏中单击 Create（创建）→Polygon Primitives（多边形基本体）→Cube（立方体）命令，创建一个立方体，如图 5.67 所示。

【步骤02】使用 Insert Edge Loop Tool（插入环形边）命令插入环形边并进行适当调节，如图 5.68 所示。

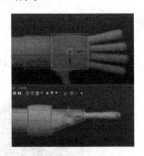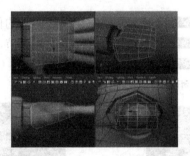

图 5.67　创建的立方体　　　　　　图 5.68　插入环形边并调节之后的效果

【步骤03】将手腕与手臂连接处的面删除，如图 5.69 所示。

【步骤04】选择挤出手指部位的面，如图 5.70 所示。

【步骤05】对选择的面进行挤出操作，如图 5.71 所示。

【步骤06】使用 Insert Edge Loop Tool（插入环形边）命令插入环形边，调节出手指的形态。如图 5.72 所示。

【步骤07】方法同上，制作出其他几根手指的模型，如图 5.73 所示。

【步骤08】对手部进行布线调节，如图 5.74 所示。

图 5.69 删除多余面之后的效果

图 5.70 选择需要挤出手指部位的面

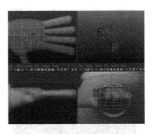

图 5.71 挤出的面效果

图 5.72 插入环形边并调节
之后的效果

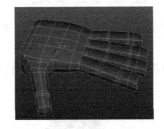

图 5.73 其他手指的效果

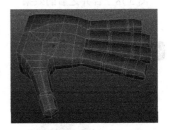

图 5.74 手部的布线效果

【步骤09】选择手部模型和身体模型，在菜单栏中单击 Mesh（网格）→Combine（合并）命令，将手臂和身体合并成一个对象，如图 5.75 所示。

【步骤10】使用 Merge（合并）命令将手腕与手臂之间的顶点合并，如图 5.76 所示。

【步骤11】将身体进行关联镜像复制，如图 5.77 所示。

图 5.75 手臂和身体合并的效果

图 5.76 手腕与手臂
合并的效果

图 5.77 关联镜像复制的效果

【步骤12】选择身体模型的两个部分。在菜单栏中单击 Mesh（网格）→Combine（合并）命令，将两个对象合并成一个对象。

【步骤13】进入模型的 Vertex（顶点）编辑模式，选择身体中间结合部的顶点。在菜单栏中单击 Edit Mesh（编辑网格）→Merge（合并）命令即可，如图 5.78 所示。

【步骤14】选择颈部的边界边，进行 2 次挤出操作和调节。最终效果如图 5.79 所示。

【步骤15】将前面制作好的头部模型显示出来，最终效果如图 5.80 所示。

图 5.78　合并之后的效果　　　　图 5.79　挤出并调节之后的效果　　　　图 5.80　最终效果

具体操作步骤，请观看配套视频"任务二：制作卡通角色的手部模型.wmv"。

七、拓展训练

运用案例 2 所学知识，根据如下参考图制作卡通角色的身体模型。

案例 3：卡通角色鞋子和各种装饰品模型的制作

一、案例内容简介

本案例主要介绍了卡通角色靴子、皮带和其他装饰品模型的制作，卡通角色道具在动画中的作用，卡通角色道具的布线原则。

二、案例效果欣赏

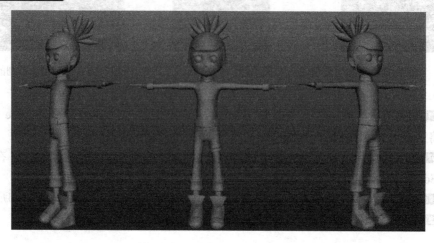

三、案例制作流程（步骤）及技巧分析

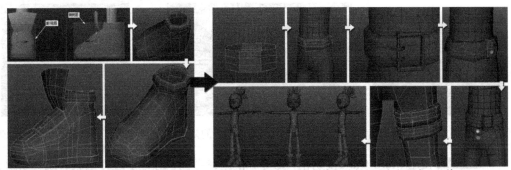

任务一：制作卡通角色的靴子模型　　　　任务二：制作卡通角色的皮带和其他装饰品

四、制作目的

掌握卡通角色的靴子、皮带和其他装饰品模型制作的原理、方法以及布线原则，了解卡通角色道具在动画中的作用。

五、制作过程中需要解决的问题

（1）卡通角色道具的制作原理。

（2）制作卡通角色道具的注意事项。

（3）卡通角色道具主要包括的类型。

（4）卡通角色道具在动画中的作用。

（5）卡通角色道具模型布线的基本原则。

六、详细操作步骤

在本项目中主要介绍卡通角色的靴子和各种装饰品模型的制作。

任务一：制作卡通角色的靴子模型

【步骤01】在菜单栏中单击 Create（创建）→Polygon Primitives（多边形基本体）→Cube（立方体）命令，创建一个立方体，如图 5.81 所示。

【步骤02】使用 Insert Edge Loop Tool（插入环形边）命令插入环形边并根据参考图进行调节。如图 5.82 所示。

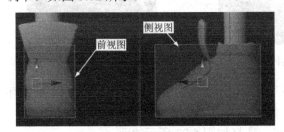

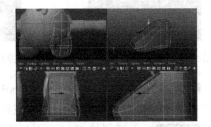

图 5.81　创建的立方体　　　　　　　图 5.82　插入环形边调节之后的效果

【步骤03】进入模型的 Face（面）编辑模式，选择如图 5.83 所示的面。

【步骤04】对选择的面进行挤出和调节，如图 5.84 所示。

【步骤05】：删除不需要的面，如图 5.85 所示。

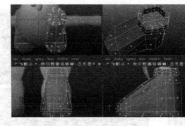

图 5.83　选择的面　　　　　图 5.84　挤出并调节之后的效果　　　　图 5.85　删除多余面之后的效果

【步骤06】：使用 Multi-Cut（多切割）命令，根据参考图，对鞋子进行重新布线。如图 5.86 所示。

【步骤07】：选择如图 5.87 所示的面，对选择的面挤出 2 次并进行调节，如图 5.88 所示。

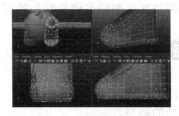

图 5.86　重新布线效果　　　　图 5.87　选择需要挤出的面　　　　图 5.88　挤出和调节之后的效果

【步骤08】：使用 Insert Edge Loop Tool（插入环形边）命令插入 2 条环形边，根据参考图适当调节顶点位置，如图 5.89 所示。

【步骤09】：进入模型的 Face（面）编辑模式，选择如图 5.90 所示的面。

【步骤10】：对选择的面进行 Extrude（挤出）操作 2 次。如图 5.91 所示。

图 5.89　插入的 2 条环形边　　　图 5.90　选择需要挤出的面　　　图 5.91　挤出 2 次之后的效果

【步骤11】：使用 Insert Edge Loop Tool（插入环形边）和 Multi-Cut（多切割）命令插入环形边和边，根据参考图适当调节顶点位置，如图 5.92 所示。

【步骤12】：进入模型的 Face（面）编辑模式，选择如图 5.93 所示的面。

【步骤13】：对选择的面进行挤出 3 次并进行调节，最终效果如图 5.94 所示。

【步骤14】：对制作好的鞋子进行镜像复制一只，调节好位置，如图 5.95 所示。

视频播放：具体操作步骤，请观看配套视频"任务一：制作卡通角色的靴子模型.wmv"。

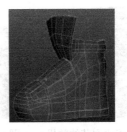

图 5.92　插入环形边并调节　　　图 5.93　选择需要　　　图 5.94　挤出 3 次　　　图 5.95　镜像复
　　　　之后的效果　　　　　　　挤出的面　　　　　并调节之后的效果　　　　制另一只鞋子

任务二：制作卡通角色的皮带和其他装饰品

1. 制作卡通角色的皮带

卡通角色的皮带模型的制作比较简单，主要通过几个基本几何体的简单组合即可。

步骤01： 菜单栏中单击 Create（创建）→Polygon Primitives（多边形基本体）→ Cylinder （圆柱体）命令。在 Top（顶视图）中创建一个圆柱体，如图 5.96 所示。

步骤02： 进入模型的 Vertex（顶点）编辑模式，在 Side（侧视图）和 Front（前视图）中根据参考图调节顶点的位置，如图 5.97 所示。

步骤03： 进入模型的 Edge（边）编辑模式，选择如图 5.98 所示边界边。

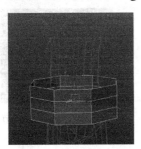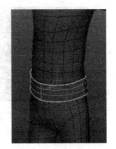

图 5.96　创建的圆柱体　　　　　图 5.97　调节之后的效果　　　图 5.98　选择的边界边

步骤04： 对选择的边界边进行 Extrude（挤出）和缩放操作，最终效果如图 5.99 所示。

步骤05： 制作皮带头。在菜单栏中单击 Create（创建）→Polygon Primitives（多边形基本体）→Cube（立方体）命令，创建一个立方体，如图 5.100 所示。

步骤06： 使用 Insert Edge Loop Tool（插入环形边）命令插入环形边，如图 5.101 所示。

步骤07： 将其他模型隐藏，进入皮带头模型的 Face（面）编辑模式，将中间的面删除，如图 5.102 所示。

步骤08： 使用 Append Polygon（附加到多边形）命令对中间的边界边进行连接。再使用 Insert Edge Loop Tool（插入环形边）命令插入环形边。根据参考图进行适当调节。最终效果如图 5.103 所示。

步骤09： 在 Top（顶视图）中创建一个立方体和一条曲线。如图 5.104 所示。

图 5.99 挤出和缩放调节的效果

图 5.100 创建的立方体

图 5.101 插入的环形边

图 5.102 删除废面的效果

图 5.103 附加和插入环形边的效果

图 5.104 创建的立方体

[步骤10]：在 Persp（透视图）中选择立方体需要挤出的面和曲线，如图 5.105 所示。

[步骤11]：在菜单栏中单击 Edit Mesh（编辑网格）→Extrude（挤出）命令，使选择的面沿选择的路径进行挤出。最终效果如图 5.106 所示。

[步骤12]：对挤出的对象再复制一个调节好位置，如图 5.107 所示。

图 5.105 选择需要挤出的
面和曲线

图 5.106 进行路径
挤出的效果

图 5.107 复制并调节
之后的效果

2. 制作皮带后面的装饰袋

[步骤01]：在菜单栏中单击 Create（创建）→Polygon Primitives（多边形基本体）→Cube（立方体）命令，创建一个立方体，如图 5.108 所示。

[步骤02]：进入模型的面编辑模式，选择如图 5.109 所示的面，对选择的面进行挤出和调节。最终效果如图 5.110 所示。

[步骤03]：在菜单栏中单击 Create（创建）→Polygon Primitives（多边形基本体）→Sphere（球体）命令。创建一个球体，作为装饰袋的纽扣，如图 5.111 所示。

3. 制作裤子的两个纽扣和大腿上的装饰品

[步骤01]：使用 Sphere（球体）命令，在 Front（前视图）中创建两个球体，作为裤子的纽扣，如图 5.112 所示。

图 5.108　创建的立方体

图 5.109　选择的面

图 5.110　挤出并调节之后的效果

【步骤02】：使用 Cylinder（圆柱体）命令创建一个圆柱体，根据参考图调节好位置，如图 5.113 所示。

图 5.111　创建的球体

图 5.112　创建的两个球体

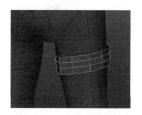
图 5.113　创建的圆柱体

【步骤03】：选择圆柱体的边界边，如图 5.114 所示。对选择的边界边进行挤出和调节，最终效果如图 5.115 所示。

【步骤04】：选择大腿上制作好的装饰品，复制一个并根据参考图进行适当调节，如图 5.116 所示。

图 5.114　选择的边界边

图 5.115　挤出并调节之后的效果

图 5.116　复制并调节之后的效果

【步骤05】：显示所有制作好的卡通角色模型，再适当地对细节进行调节，最终效果如图 5.117 所示。

图 5.117　卡通角色的最终效果

具体操作步骤，请观看配套视频"任务二：制作卡通角色的皮带和其他装饰品.wmv"。

七、拓展训练

运用案例 3 所学知识，根据如下参考图制作卡通角色的其他装饰品。

第 6 章　游戏角色建模

　　案例 1：游戏角色头部模型的制作
　　案例 2：游戏角色身体、四肢和装备模型的制作

　　本章主要通过 2 个案例介绍使用 Maya 2017 中的 Polygon(多边形)建模技术和 Surfaces (曲面) 建模技术制作游戏角色的方法、技巧、布线和流程。熟练掌握本章内容，读者可以举一反三地制作出各种游戏角色模型。

　　一般情况下需要 20 课时，其中，理论 8 课时，实际操作 12 课时（特殊情况可作相应调整）。

本章案例导读及效果预览（部分）

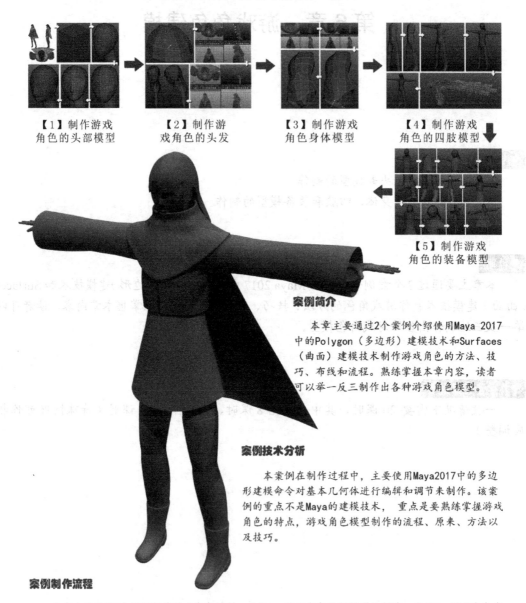

【1】制作游戏
角色的头部模型

【2】制作游
戏角色的头发

【3】制作游戏
角色身体模型

【4】制作游戏
角色的四肢模型

【5】制作游戏
角色的装备模型

案例简介

本章主要通过2个案例介绍使用Maya 2017
中的Polygon（多边形）建模技术和Surfaces
（曲面）建模技术制作游戏角色的方法、技
巧、布线和流程。熟练掌握本章内容，读者
可以举一反三制作出各种游戏角色模型。

案例技术分析

本案例在制作过程中，主要使用Maya2017中的多边
形建模命令对基本几何体进行编辑和调节来制作。该案
例的重点不是Maya的建模技术，重点是要熟练掌握游戏
角色的特点，游戏角色模型制作的流程、原来、方法以
及技巧。

案例制作流程

本章主要通过2个案例制作游戏角色模型。案例1：游戏角色头部模型的制作；案例2：游戏角色身
体、四肢和装备模型的制作。

> **案例素材：** 本章案例素材和工程文件，位于本书配套光盘中的"Maya 2017 jsjm/Chapter06/
> 相应案例的工程文件目录"文件夹。
>
> **视频播放：** 本章案例视频教学文件位于配套光盘中的"视频教学"文件夹。

在本章中主要通过 2 个案例全面介绍游戏角色模型制作的原理、方法和基本流程。熟练掌握本章内容，读者可以举一反三地制作各种游戏角色模型。

案例 1：游戏角色头部模型的制作

一、案例内容简介

本案例主要介绍游戏角色的特征，游戏角色建模的基本流程，中模、高模与低模之间的相互关系以及转换的方法，游戏角色头部模型制作的原理、方法及技巧。

二、案例效果欣赏

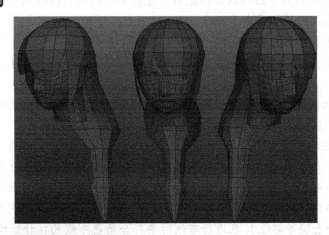

三、案例制作流程（步骤）及技巧分析

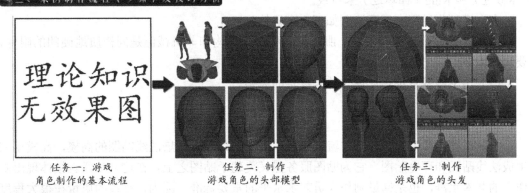

任务一：游戏角色制作的基本流程　　任务二：制作游戏角色的头部模型　　任务三：制作游戏角色的头发

四、制作目的

了解游戏角色的特征，掌握游戏角色建模的基本流程，了解中模、低模、高模之间的相互关系以及转换的方法，熟练掌握游戏角色头部模型的制作。

五、制作过程中需要解决的问题

（1）游戏角色的特征。

（2）游戏角色建模的基本流程。

（3）游戏建模中的中模、高模与低模之间的相互关系。

（4）中模、高模与低模之间的相互转换的方法以及技巧。

（5）游戏角色头部模型制作的原理、方法以及技巧。

六、详细操作步骤

任务一：游戏角色制作的基本流程

在游戏角色制作中大致由低模、中模、高模、分 UV 和贴图五部分组成。

1. 中模

制作中模的目的是为了最终的高模服务。经验丰富的游戏模型制作人员在制作中模时已经想到每个结构最终要做成什么样子。

在中模制作过程中要注意以下两点。

（1）要随时需要注意游戏角色的形体比例、解剖学关系、风格特征、对原画的整体还原程度。

（2）尽量使布线均匀，要清楚哪些地方要重点刻画，对于重点刻画的地方给予更多的布线以表现精细的细节。

提示： 在布线过程中要遵循"静则结构，动则平均"这个规律。所谓"静则结构"是指在角色预期运动时，对非关节和变形微弱的部位要使用工具尽量制作出比较丰富的外形细节。必要时，可以破坏边缘的 Loop（环形边）和 Ring（循环边）的限制；所谓"动则平均"是指在角色预期运动时，对关节和变形较大的部位（例如膝盖、髋臀关节、肩周关节、肘关节、踝关节和手腕等部位），在进行布线时要符合角色布线的拓扑结构，尽量使用 Loop（环形边）和 Ring（循环边）来布线。

在中模制作过程中需要达到如下 2 个目的。

（1）对有机械结构的附件、服饰中各种拼接结构和非机械但是同样质地硬朗的附件，要尽最大努力做出足够的细节。

（2）调节好基本形体，使其符合设定的风格。

2. 高模

目前，在世代游戏角色制作流程中，一般先制作用于烘焙法线贴图的高模，高模用来生成法线贴图和环境贴图。它为贴图服务但又凌驾于贴图之上，在这一阶段直接体现出制作者的艺术水准，也是衡量制作人员艺术水平的重要标准。因为，高模的质量在很大程度上决定了游戏角色的质量。

在制作高模的时候，要不断地思考和观察参考图以表达出最合理的特征。

提示： 在制作高模阶段，建议读者不要埋头苦干，完全凭想象去做，这样很容易陷入概念的泥潭。要多找一些符合风格要求的参考图资料进行观察。

在高模制作阶段需要注意以下两点。

（1）在模型上尽可能的区分表达出不同材质的不同特点，特别是截然不同的材质，一

定要正确区分开来。

（2）在中模的基础上使用雕刻软件（Modbox、ZBrush）继续雕刻的过程中，要把握大型。

提示 要熟练掌握雕刻软件的使用方法和手感。如果对雕刻软件不熟练，就是想得再丰富，手上表达不出来也没有用，建议读者多加练习，直到可以随心所欲地表达自己的所想为止（只有熟能生巧，没有技巧可言）。

3. 低模

高模制作完成之后，根据任务要求开始制作低模，低模需要与高模匹配，只有低模与高模匹配时才能正确地烘焙出法线贴图。

低模制作的一般流程。

（1）在 ZBrush 中，对高模进行减面操作。

（2）将减面操作之后的模型导入到 Maya。

（3）在 Maya 中，调节低模使其匹配。

提示 在制作低模的过程中，要认真考究线条的拓扑结构。在有限的面数情况下，表达出充分的形体变化和特征轮廓。

在低模制作阶段，需要注意如下两点。

（1）关节运动区域的布线要流畅紧凑，需要有足够的布线来支持变形。

（2）调节低模形体与高模匹配，准确生成法线贴图和环境光贴图，使低模的形体特征更加符合设定。

提示 在建模过程中，外形要严格按照设计稿的 Front（前视图）、Side（侧视图）和 Back（背视图）的造型设计，同时还要遵循解剖体块的合理性。

4. 分 UV

制作好低模之后，接下来就是对低模进行分 UV。

角色 UV 分布，需要注意以下 4 点。

（1）UV 分布注意工整，贴图利用率要高，裤子和衣服等可以做成直边，方便修接缝。

（2）角色的 UV 分布，一般情况下，在一张贴图中，头部通常给予比较大的空间来分布，甚至给头部一张单独的贴图，来提高头部的精度。其他区域的 UV 分布相对均匀。

（3）对于一些射击类游戏角色的右肩区域，需要给予相对多的空间来提高此区域的贴图精度。

（4）UV 线需要保持流畅，特别是具有面部表情的区域。

5. 烘焙法线贴图

烘焙法线贴图（AO Normal Map）是指将高模的 Vertex（顶点）法线信息映射到低模的 Vertex（顶点）信息上。

提示 高低模型的匹配非常重要，特别是高低模型的外轮廓一定要匹配，否则烘焙出的

Normal（法线）在局部没有倒角、体积，甚至错位。

AO map 的软件（XSI 和 TOPOGUN）没有严格的要求，主要以烘焙出正确的贴图为目的。要求法线贴图无接缝，正确表现高模信息，AO map 表现为无明显光源方向性的环境效果。

法线贴图制作好之后，通过 Photoshop 的插件生成 CAV map 叠加到 Diffuse（漫反射）上，使模型的细节更加清晰。

6. 绘制 Diffuse（漫反射）贴图

在绘制 Diffuse（漫反射）贴图时，同样需要收集大量的参考资料和素材，使贴图符合角色风格特征，更好地表现出角色的灵性。

在绘制 Diffuse（漫反射）贴图时，非手绘项目尽量避免出现手绘的痕迹，即使需要手绘的地方也要处理得自然一些。

绘制 Diffuse（漫反射）贴图制作的一般流程。

（1）叠加烘焙的 AO map 和 CAV map。

（2）根据叠加烘焙的 AO map 和 CAV map 信息进行 Diffuse（漫反射）贴图的绘制。

【提示：】好的 Diffuse（漫反射）贴图可以正确表现出设定图的颜色、风格、材质、角色的身份和所处于什么样的环境。

Diffuse（漫反射）贴图可以确定角色的特点、身上脏迹的多少和类型。

反射（高光）贴图可以正确表现各种元素的反光（高光）的级别（强弱区别）。

【视频播放】具体介绍，请观看配套视频"任务一：游戏角色制作的基本流程.wmv"。

任务二：制作游戏角色的头部模型

1. 游戏角色资料分析和参考图导入

1）分析提供的参考资料和贴图

本章所制作的游戏角色是 2011 年三维动画师（建模方向）考试题目。主要提供了如图 6.1～图 6.4 所示的参考图。

   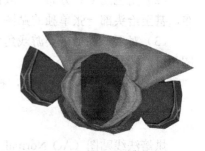

图 6.1 前视图　　　图 6.2 透视图　　　图 6.3 侧视图　　　图 6.4 顶视图

从提供的参考图来看,读者可以用来确定游戏角色的比例关系,而不能作为精确的正视图来制作游戏人物。

提供的贴图素材如图 6.5 所示。

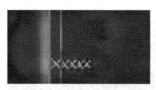

图 6.5　Diffuse（漫反射）贴图

从提供的 Diffuse（漫反射）贴图可知，只要读者制作好游戏角色，再根据提供的 Diffuse（漫反射）贴图进行分 UV。在分 UV 时，要根据提供的贴图去划分，不能随意进行分 UV。

2）创建文件和导入参考图

【步骤01】：启动 Maya 2017 文件。根据前面所学知识，创建一个工程文件。

【步骤02】：将所有提供的参考图和贴图文件复制到创建工程文件中的"sourceimages"文件夹中。

【步骤03】：将提供的 Front（前视图）、Side（侧视图）、Top（顶视图）导入到对应的视图中。

【提示】：这里提供的参考图，用户在模型制作过程中，没有必要完全匹配。只用来做参考比例调整。

2. 制作头部模型

1）制作头部模型的大型

【步骤01】：在菜单栏中单击 Create（创建）→Polygon Primitives（多边形基本几何体）→Cube（立方体）命令。在 Top（顶视图）中创建一个立方体，如图 6.6 所示。

【步骤02】：在菜单栏中单击 Mesh（网格）→Smooth（光滑）命令两次，即可得到如图 6.7 所示的模型效果。

【步骤03】：按键盘上的"F2"键，切换到 Animation（动画）模块。

【步骤04】：在菜单栏中单击 Anim Deform（动画变形器）→Lattice（晶格）命令。在 Channels（通道盒）中设置 Lattice（晶格）命令的参数，具体设置如图 6.8 所示。在 Persp（透视图）中的效果如图 6.9 所示。

图 6.6　创建的立方体　　　图 6.7　光滑 2 次之后的效果　　　图 6.8　晶格命令参数设置

【步骤05】：切换到 Lattice Point（晶格点）编辑模式。根据参考图对模型进行缩放和位置调节，如图 6.10 所示。

【步骤06】：在菜单栏中单击 Edit（编辑）→Delete All by Type（按类型全部删除）→History（历史）命令，即可得到如图 6.11 所示的效果。

 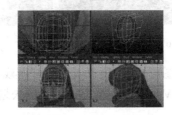 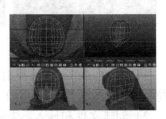

图 6.9　添加晶格命令效果　　图 6.10　调节晶格控制点效果　　图 6.11　删除历史记录效果

【步骤07】：进入模型的 Face（面）编辑模式，选择模型的底部的 8 个面，如图 6.12 所示。

【步骤08】：对选择的面进行 Extrude（挤出）操作，并对挤出的面进行适当调节，如图 6.13 所示。

【步骤09】：选择颈部的面将其删除。

【步骤10】：进入模型的 Face（面）编辑模式，删除模型的一半面，进入模型的 Object Mode（对象编辑）模式，如图 6.14 所示。

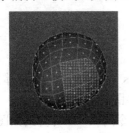  

图 6.12　选择的面　　　图 6.13　挤出调节之后的效果　　图 6.14　删除一半之后的效果

【步骤11】：对模型进行关联镜像复制。选择剩下的模型。在菜单栏中单击 Edit（编辑）→Duplicate Special（指定复制）→▣图标，弹出【Duplicat Special Options（指定复制选项）】对话框，具体参数设置，如图 6.15 所示。

【步骤12】：设置完参数，单击 Duplicate Special（指定复制）按钮即可得到如图 6.16 所示的对称关联效果。

2）制作游戏角色的眼睛细节

【步骤01】：使用 Insert Edge Loop Tool（插入环形边工具）命令，给头部模型添加两条环形边并适当调节位置，如图 6.17 所示。

【步骤02】：进入模型的 Face（面）编辑模式，选择如图 6.18 所示的面。

【步骤03】：对选择的面进行挤出操作，根据参考图调节挤出面的顶点，如图 6.19 所示。

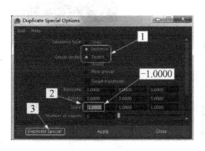

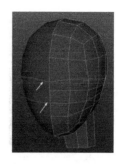

图 6.15　"指定复制选项"参数设置　　　图 6.16　复制之后的效果　　　图 6.17　插入的环形边

【步骤04】：进入模型的 Face（面）编辑模式，选择如图 6.20 所示的面。

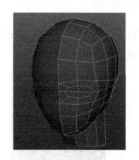

图 6.18　选择的面　　　　　　图 6.19　挤出调节之后的效果　　　　　图 6.20　选择的面

【步骤05】：对选择的面进行挤出操作。根据参考图调节挤出面的顶点，如图 6.21 所示。

【步骤06】：使用 Insert Edge Loop Tool（插入环形边工具）命令，给眼轮匝肌添加一条环形边并调节好位置，如图 6.22 所示。

【提示】：在本项目中制作的游戏人物已经给出了眼睛的 UV 贴图文件，在这里不需要将眼睛的所有细节制作出来，在后面可以通过贴图来实现。

3）制作游戏角色的鼻子

【步骤01】：使用 Multi-Cut（多切割）命令，添加如图 6.23 所示边。

图 6.21　挤出调节之后的效果　　　图 6.22　插入环形边的效果　　　图 6.23　添加的切割边

【步骤02】：选择需要删除的边，如图 6.24 所示。使用 Delete Edge/Vertex（删除边/顶点）命令即可将选择的边和顶点删除，如图 6.25 所示。

【步骤03】：使用 Multi-Cut（多切割）命令，添加边并对添加的边进行调节，如图 6.26 所示。

图 6.24　选择需要删除的面　　　图 6.25　删除边和顶点之后的效果　　　图 6.26　添加的边

【步骤04】：继续使用 Multi-Cut（多切割）命令，添加边并对添加的边进行调节，如图 6.27 所示。

【步骤05】：选择如图 6.28 所示的边，使用 Delete Edge/Vertex（删除边/顶点）命令即可将选择的边和顶点删除，如图 6.29 所示。

图 6.27　调节添加的边　　　　　图 6.28　选择边　　　　图 6.29　删除选择的边和顶点

【步骤06】：使用 Multi-Cut（多切割）命令，添加边并对添加的边进行调节，如图 6.30 所示。

4) 制作游戏角色的嘴巴

【步骤01】：使用 Multi-Cut（多切割）命令，添加边并对添加的边进行调节，如图 6.31 所示。

【步骤02】：继续使用 Multi-Cut（多切割）命令，添加边并对添加的边进行调节，如图 6.32 所示。

图 6.30　添加并调节之后的
切割边

图 6.31　添加并调节
之后的切割边

图 6.32　添加并调节
之后的切割边

【步骤03】: 使用 Insert Edge Loop Tool（插入环形边工具）命令，给口轮匝肌添加环形边并进行适当调节，如图 6.33 所示。

【步骤04】: 使用 Multi-Cut（多切割）命令和 Delete Edge/Vertex（删除边/顶点）命令对模型头部进行布线调节，如图 6.34 所示。

【步骤05】: 使用 Insert Edge Loop Tool（插入环形边工具）命令，额骨位置添加 2 条环形边并进行适当调节，如图 6.35 所示。

图 6.33　插入环形边并调节　　图 6.34　调节布线之后的效果　　图 6.35　插入环形边调节
　　　　　之后的效果　　　　　　　　　　　　　　　　　　　　　　　　　之后的效果

5）制作游戏角色的耳朵

游戏角色的耳朵制作，主要通过对耳朵部位的 Face（面）进行 Extrude（挤出）和调节来实现，游戏角色的耳朵制作没有写实人物角色耳朵制作复杂，不需要制作耳朵的细节结构。可以通过后续贴图来实现。

【步骤01】: 进入模型的 Face（面）编辑模式，选择如图 6.36 所示的面进行挤出，对挤出的面进行适当调节，如图 6.37 所示。

【步骤02】: 使用 Merge（合并）对顶点进行合并处理，如图 6.38 所示。

图 6.36　选择需要挤出的面　　图 6.37　挤出并调节之后的效果　　图 6.38　合并顶点之后的效果

【步骤03】: 使用 Insert Edge Loop Tool（插入环形边工具）命令，在耳背位置插入一条环形边。对插入的环形边进行适当调节，如图 6.39 所示。

【步骤04】: 进入模型的 Face（面）编辑模式，选择如图 6.40 所示的面。对选择的面进行挤出 2 次并进行调节，如图 6.41 所示。

【视频播放】 具体操作步骤，请观看配套视频"任务二：制作游戏角色的头部模型.wmv"。

图 6.39　插入环形边并调节之后的效果　　图 6.40　选择的面　　图 6.41　挤出 2 次并调节之后的效果

◆任务三：制作游戏角色的头发

该游戏角色头发的制作主要通过创建一个 Polygon（多边形）基本 Sphere（球体），将创建的球体删除一半，再通过对球体的边进行挤出和调节来实现。

【步骤01】 为了制作方便，将制作好的头部模型隐藏。

【步骤02】 在菜单栏中单击 Create（创建）→Polygon Primitives（多边形基本几何体）→Sphere（球体）命令，在 Top（顶视图）中创建一个球体，如图 6.42 所示。

【步骤03】 进入模型的 Face（面）编辑模式，选择需要删除的面，按键盘上的 Delete 建即可，如图 6.43 所示。

【步骤04】 使用 Multi-Cut（多项剪切）命令添加一条边，如图 6.44 所示。

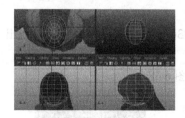
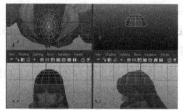

图 6.42　创建的球体　　　　图 6.43　删除多余面之后的效果　　　图 6.44　添加的切割边

【步骤05】 进入模型的 Edge（边）编辑模式，选择如图 6.45 所示的边。

【步骤06】 在菜单栏中单击 Edit Mesh（编辑网格）→Extrude（挤出）命令，对选择的边进行挤出。对挤出的边进行移动、缩放等操作，如图 6.46 所示。

【步骤07】 使用 Insert Edge Loop Tool（插入环形边工具）命令根据参考图继续插入环形边并进行适当缩放和调节，最终效果如图 6.47 所示。

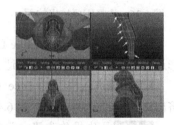

图 6.45　选择需要挤出的边　　图 6.46　挤出并调节之后的效果　　图 6.47　添加环形边之后的效果

【步骤08】进入模型的 Edge（边）编辑模式，选择如图 6.48 所示的边。

【步骤09】在菜单栏中单击 Edit Mesh（编辑网格）→Extrude（挤出）命令，对选择的 Edge（边）进行挤出。对挤出的边进行移动、缩放等操作，如图 6.49 所示。

【步骤10】使用 Insert Edge Loop Tool（插入环形边工具）命令根据参考图插入环形边并进行适当缩放和调节，最终效果如图 6.50 所示。

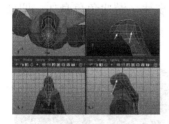
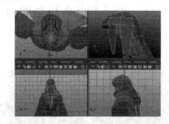
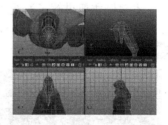

图 6.48 选择的边　　　　图 6.49 挤出并调节之后的效果　　　　图 6.50 插入环形边之后的效果

【步骤11】方法同上，将卡通角色前面的头发制作出来。最终效果如图 6.51 所示。

【步骤12】将前面制作好的头部模型显示出来，再根据头部模型对头发模型进行适当调节。如图 6.52 所示。

【步骤13】按键盘上的数字键 3，各个角度的效果如图 6.53 所示。

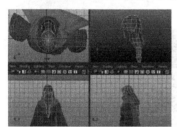

图 6.51 头发效果　　　　图 6.52 继续调节之后的效果　　　　图 6.53 最终效果

视频播放具体操作步骤，请观看配套视频"任务三：制作游戏角色的头发.wmv"。

七、拓展训练

运用案例 1 所学知识，根据参考图制作头部模型。

案例 2：游戏角色身体、四肢和装备模型的制作

一、案例内容简介

本案例主要讲解了游戏角色身体、四肢和装备模型的布线规律，游戏角色身体、四肢和装备模型制作的原理、方法以及技巧。

二、案例效果欣赏

三、案例制作流程（步骤）及技巧分析

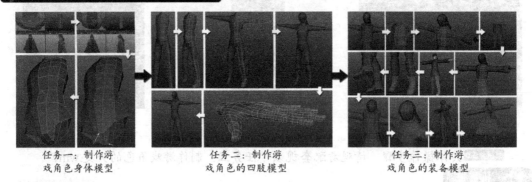

任务一：制作游戏角色身体模型　　　　任务二：制作游戏角色的四肢模型　　　　任务三：制作游戏角色的装备模型

四、制作目的

掌握游戏角色身体、四肢和装备模型制作的原理、方法以及技巧，游戏角色身体、四肢和装备模型的布线规律。

五、制作过程中需要解决的问题

（1）游戏角色身体模型布线的规律。

（2）游戏角色四肢模型的布线规律。

（3）游戏角色配件的布线规律。

（4）中模、高模与低模的布线规律。

六、详细操作步骤

在本案例中主要介绍游戏角色身体、四肢和装备模型的制作。游戏角色的制作比写实角色模型的制作要求低。在结构和布线方面没有写实角色那样严格和苛刻。

任务一：制作游戏角色身体模型

1. 制作游戏角色身体的大型

游戏角色身体大型的制作方法很多，可以通过 Cube(立方体)作为基本体开始制作，也可以通过 Cylinder（圆柱体）作为基本体开始制作。在这里以 Cylinder（圆柱体）作为基本体开始制作。

【步骤01】：在菜单栏中单击 Create（创建）→Polygon Primitives（多边形基本体）→Cylinder（圆柱体）命令，在 Top（顶视图）中创建一个圆柱体。

【步骤02】：根据参考图对创建的圆柱体进行缩放和位置调节，如图 6.54 所示。

【步骤03】：进入模型的 Face（面）编辑模式，将圆柱体的上下面删除。如图 6.55 所示。

【步骤04】：使用 Insert Edge Loop Tool（插入环形边工具）命令根据参考图插入环形边并进行适当缩放和调节，如图 6.56 所示。

 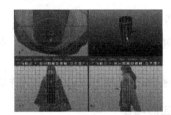 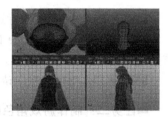

图 6.54 创建的圆柱体　　　　图 6.55 删除圆柱体上下面效果　　　图 6.56 插入环形边调节
　　　　　　　　　　　　　　　　　　　　　　　　　　　　　　　　　　　之后的效果

【提示】：这里提供的参考图是不完全正确的正视图，在制作过程中不要完全按照参考图进行对位，只能用来确定模型的大致比例。

2. 对游戏角色身体模型进行细调

对游戏角色身体模型进行细化调节的主要工作是加边和调顶点。

【步骤01】：进入模型的 Face（面）编辑模式，选择模型的一半面将其删除。切换到模型的 Object Mode（对象）模式，如图 6.57 所示。

【步骤02】：在菜单栏中单击 Edit（编辑）→Duplicate Special（指定复制）→□图标，弹出【Duplicate Special Options(指定复制选项)】对话框，具体设置如图 6.58 所示。单击 Duplicate Special（指定复制）按钮即可，如图 6.59 所示。

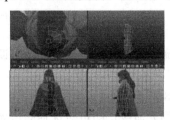 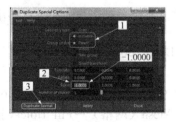 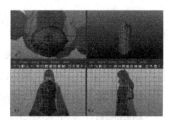

图 6.57 删除一半面之后的效果　　图 6.58 "指定复制选项"　　　图 6.59 复制之后的效果
　　　　　　　　　　　　　　　　　　　　 参数设置

【步骤03】 进入模型的 Edge（边）编辑模式，选择如图 6.60 所示的 4 条边。

【步骤04】 在菜单栏中单击 Edit Mesh（编辑网格）→Bridge（桥接）→图标，弹出【Bridge Options（桥接选项）】对话框，具体设置如图 6.61 所示。单击 Bridge（桥接）按钮即可得到如图 6.62 所示的效果。

图 6.60　选择的边　　　　　图 6.61　"桥接选项"参数设置　　　图 6.62　桥接之后的效果

【步骤05】 对桥接的边进行适当调节，如图 6.63 所示。

【步骤06】 使用 Insert Edge Loop Tool（插入环形边工具）命令插入环形边并进行适当调节，最终效果如图 6.64 所示。

【视频播放】 具体操作步骤，请观看配套视频"任务一：制作游戏角色身体模型.wmv"。

任务二：制作游戏角色的四肢模型

1. 制作游戏角色的下肢模型

游戏角色下肢模型的制作主要通过对身体模型的边进行挤出来制作。

【步骤01】 进入模型的 Edge（边）编辑模式。选择如图 6.65 所示的边界边。

图 6.63　调节边之后的效果　　图 6.64　插入环形边并调节之后的效果　　图 6.65　选择的边界边

【步骤02】 使用 Extrude（挤出）命令对选择的边进行挤出，对挤出的边进行移动、缩放调节，如图 6.66 所示。

【步骤03】 使用 Insert Edge Loop Tool（插入环形边工具）命令插入环形边并进行适当调节，最终效果如图 6.67 所示。

【步骤04】 进入模型的 Edge（边）编辑模式，选择如图 6.68 所示的边。

【步骤05】 在菜单栏中单击 Mesh（网格）→Fill Hole（补洞）命令，即可对选择的边界边进行补洞操作。如图 6.69 所示。

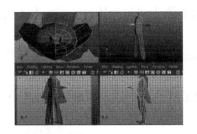

图 6.66 挤出并调节之后的效果　　图 6.67 插入环形边并　　图 6.68 选择的边界边
　　　　　　　　　　　　　　　　　调节之后的效果

[步骤06]: 进入模型的 Face（面）编辑模式，选择如图 6.70 所示的面。

[步骤07]: 使用 Extrude（挤出）命令对选择的边进行挤出，对挤出的边进行移动、缩放调节，如图 6.71 所示。

[步骤08]: 使用 Insert Edge Loop Tool（插入环形边工具）命令插入环形边并进行适当调节，最终效果如图 6.72 所示。

图 6.69 补洞之后的　　图 6.70 选择需要挤出的面　　图 6.71 挤出之后　　图 6.72 插入的
　　　　效果　　　　　　　　　　　　　　　　　　　　　的效果　　　　　　　　环形边

2. 制作游戏模型的上肢

该游戏角色上肢的制作也是通过对身体模型的面进行挤出操作来制作的。

[步骤01]: 进入模型的 Face（面）编辑模式，选择如图 6.73 所示的面。

[步骤02]: 使用 Extrude（挤出）命令对选择的边进行挤出，对挤出的边进行移动、缩放调节，如图 6.74 所示。

[步骤03]: 使用 Insert Edge Loop Tool（插入环形边工具）命令插入环形边并进行适当调节，最终效果如图 6.75 所示。

图 6.73 选择需要挤出的面　　图 6.74 挤出并调节之后的效果　　图 6.75 插入环形边并
　　　　　　　　　　　　　　　　　　　　　　　　　　　　　　　　　　　调节之后的效果

【步骤04】: 将游戏模型的头部显示出来,删除游戏模型的头部和身体的一半,选择剩下的一半头部和身体,如图 6.76 所示。

【步骤05】: 在菜单栏中单击 Mesh（网格）→Combine（结合）命令,即可将头部和身体合并为一对象,如图 6.77 所示。

【步骤06】: 使用 Insert Edge Loop Tool（插入环形边工具）命令插入环形边,给身体模型添加细节,如图 6.78 所示。

图 6.76　删除一半之后的效果　　　图 6.77　结合之后的效果　　　图 6.78　插入环形边并调节
　　　　　　　　　　　　　　　　　　　　　　　　　　　　　　　　　　　　之后的效果

【步骤07】: 使用 Merge（合并）命令对头部和身体进行合并操作,最终效果如图 6.79 所示。

【步骤08】: 对合并好的模型进行对称复制,如图 6.80 所示。

【提示】 在制作游戏角色时,如果角色有衣服遮挡,那么角色模型就不必要制作得过于精细。因为,到最后游戏模型看不到的内部面需要删除。

3. 制作游戏角色手部模型

游戏角色手部模型的制作方法与写实角色模型手部模型的制作方法一样,只是在细节上没有写实手部的要求严格。游戏角色手部模型在这里就不再详细介绍,请读者参考第 4 章中手部模型的制作方法。在这里将制作好的手部模型导入场景中并进行 Combine（合并）和 Merge（缝合）操作。

【步骤01】: 在菜单栏中单击 File（文件）→Import…（导入）命令,弹出 Import（导入）对话框,单选需要导入的手部模型文件,单击 Import（导入）按钮即可将制作好的手部模型导入到场景中,如图 6.81 所示。

图 6.79　合并之后的效果　　　图 6.80　对称复制之后的效果　　　图 6.81　导入的手模型

[步骤02]：对导入的手部模型进行缩放和位置调节，使其与身体模型匹配，如图 6.82 所示。

[步骤03]：选择手部模型和身体模型，使用 Combine（合并）命令将两个选择的模型合并成一个模型。

[步骤04]：使用 Merge（合并）命令将手部与手臂进行合并操作，如图 6.83 所示。

[步骤05]：对身体模型进行镜像关联复制，最终效果如图 6.84 所示。

图 6.82　缩放和调节之后的效果　　　图 6.83　合并之后的效果　　　图 6.84　镜像关联复制的效果

[视频播放]具体操作步骤，请观看配套视频"任务二：制作游戏角色的四肢模型.wmv"。

任务三：制作游戏角色的装备模型

游戏角色的装备模型主要包括上衣、裙子、袜子、鞋子和皮袍等。这些装备模型的制作主要以复制角色的面和圆柱体作为基础模型，通过调节来制作。

1. 制作游戏角色的上衣模型

该游戏角色模型上衣制作主要通过对圆柱体进行挤出、加边和调点来完成。

[步骤01]：在菜单栏中单击 Create（创建）→Polygon Primitives（多边形基本体）→Cylinder（圆柱体）命令，在 Top（顶视图）中创建一个圆柱体。

[步骤02]：根据参考图对创建的圆柱体进行缩放和位置调节，如图 6.85 所示。

[步骤03]：进入模型的 Face（面）编辑模式，将圆柱体的上下面删除，如图 6.86 所示。

[步骤04]：使用 Insert Edge Loop Tool（插入环形边工具）命令根据参考图插入环形边并进行适当缩放和调节，如图 6.87 所示。

图 6.85　创建的圆柱体　　　图 6.86　删除上下面的效果　　　图 6.87　插入环形边并调节之后的效果

【步骤05】： 进入模型的 Face（面）编辑模式。删除不需要的面，如图 6.88 所示。

【步骤06】： 对剩下部分进行镜像关联复制，如图 6.89 所示。

【步骤07】： 进入模型的 Face（面）编辑模式，删除衣袖与衣身连接部位的面，如图 6.90 所示。

 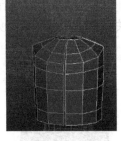 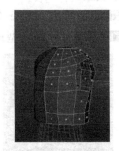

图 6.88　删除不需要的面的效果　　图 6.89　镜像关联复制的效果　　图 6.90　删除多余面的效果

【步骤08】： 进入模型 Edge（边）编辑模式，选择挤出衣袖位置的边，如图 6.91 所示。使用 Extrude（挤出）命令进行挤出和调节。如图 6.92 所示。

【步骤09】： 根据参考图，使用 Insert Edge Loop Tool（插入环形边工具）命令根据参考图插入环形边并进行适当缩放和调节，如图 6.93 所示。

图 6.91　选择的边界边　　图 6.92　挤出并调节之后的效果　　图 6.93　插入环形边并调节之后的效果

【步骤10】： 选择上衣的两部分模型，在菜单栏中单击 Mesh（网格）→Combine（结合）命令，将上衣的两部分模型结合成一个对象，如图 6.94 所示。

【步骤11】： 进入上衣模型的 Vertex（顶点）编辑模式，使用 Merge（合并）命令将上衣后背的顶点合并，如图 6.95 所示。

【提示】： 在这里上衣的衣领没有必要制作细节，因为在制作皮袍之后细节被遮挡住了。

2. 制作游戏角色的裙子

游戏角色裙子模型的制作跟上衣模型的制作方法基本相同，也是通过对圆柱体进行挤出、加边、调点和缩放等操作来实现的。

【步骤01】： 在菜单栏中单击 Create（创建）→Polygon Primitives（多边形基本体）→Cylinder（圆柱体）命令，在 Top（顶视图）中创建一个圆柱体。

【步骤02】： 根据参考图对创建的圆柱体进行缩放和位置调节，如图 6.96 所示。

【步骤03】： 进入模型的 Face（面）编辑模式，将圆柱体的上下面删除，如图 6.97 所示。

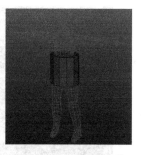

图 6.94 结合之后的效果　　　图 6.95 合并顶点之后的效果　　　图 6.96 创建的圆柱体

【步骤04】：使用 Insert Edge Loop Tool（插入环形边工具）命令根据参考图插入环形边并进行适当缩放和调节，如图 6.98 所示。

【提示】：该游戏角色的腰带不需要制作，只要在模型上刻画出腰带所在部分的布线即可。因为从提供的贴图可知，已经提供了腰带贴图。

3. 游戏角色袜子和鞋子的制作

该游戏角色袜子和鞋子的制作方法是选择游戏角色的面，通过挤出和调节来制作。

1）制作游戏角色的袜子模型

【步骤01】：进入游戏角色身体模型的 Face（面）编辑模式，选择如图 6.99 所示的面。

图 6.97 删除上下面的效果　　图 6.98 插入环形边并调节之后的效果　　图 6.99 选择需要挤出的面

【步骤02】：使用 Extrude（挤出）命令对选择的面进行挤出和调节，如图 6.100 所示。

【步骤03】：使用 Insert Edge Loop Tool（插入环形边工具）命令，根据参考图插入环形边并进行适当缩放和调节，如图 6.101 所示。

2）制作游戏角色的鞋子模型

【步骤01】：进入模型的 Face（面）编辑模式，选择如图 6.102 所示的面。

【步骤02】：使用 Extrude（挤出）命令对选择的面进行挤出和调节，如图 6.103 所示。

【步骤03】：使用 Insert Edge Loop Tool（插入环形边工具）命令，根据参考图插入环形边并进行适当缩放和调节，如图 6.104 所示

【步骤04】：使用 Multi-Cut（多切割）给鞋子模型添加边，如图 6.105 所示。

【步骤05】：进入模型的 Face（面）编辑模式，选择如图 6.106 所示的面。

【步骤06】：使用 Extrude（挤出）命令对选择的面进行挤出和调节，如图 6.107 所示。

图 6.100　挤出并调节之后的效果

图 6.101　插入环形边并
调节之后的效果

图 6.102　选择需要挤出的面

图 6.103　挤出并调节之后的效果

图 6.104　插入的环形边

图 6.105　调节的切割边

【步骤07】：使用 Insert Edge Loop Tool（插入环形边工具）命令，根据参考图插入环形边并进行适当缩放和调节，如图 6.108 所示。

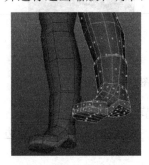

图 6.106　选择需要
挤出的面

图 6.107　挤出并调节之后的效果

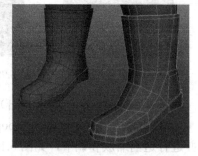

图 6.108　插入环形边并调节
之后的效果

【步骤08】：进入鞋子模型的面编辑模式，选择如图 6.109 所示的面。

【步骤09】：对选择的 Face（面），使用 Extrude（挤出）命令对选择的面进行挤出和调节，如图 6.110 所示。

【步骤10】：使用 Insert Edge Loop Tool（插入环形边工具）命令根据参考图插入环形边并进行适当缩放和调节，如图 6.111 所示。

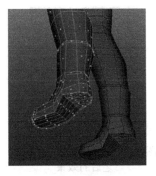
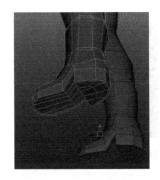

图 6.109　选择需要　　　　图 6.110　挤出并调节之　　　图 6.111　插入环形边并调节
　　挤出的面　　　　　　　　　后的效果　　　　　　　　　之后的效果

4. 制作游戏角色的围巾和皮袍

该游戏角色的围巾和皮袍的制作分别通过对圆柱体和平面进行挤出、调节和缩放来制作。

1）制作游戏角色的围巾模型

【步骤01】：在菜单栏中单击 Create（创建）→Polygon Primitives （多边形基本体）→ Cylinder（圆柱体）命令，在 Top（顶视图）中创建一个圆柱体。

【步骤02】：根据参考图对创建的圆柱体进行缩放和位置调节，如图 6.112 所示。

【步骤03】：进入模型的 Face（面）编辑模式，将圆柱体的上下面删除，如图 6.113 所示。

【步骤04】：使用 Insert Edge Loop Tool（插入环形边工具）命令根据参考图插入环形边并进行适当缩放和调节，如图 6.114 所示。

图 6.112　对创建的圆柱体进行调节　　图 6.113　删除上下面的效果　　图 6.114　插入环形边调节
　　　　　　　　　　　　　　　　　　　　　　　　　　　　　　　　　　之后的效果

【步骤05】：进入围巾模型 Face（面）编辑模式，选择模型的左侧一半面将其删除，切换到模型的 Object Mode（对象）模式。如图 6.115 所示。

【步骤06】：对剩下的一半模型进行镜像关联复制，如图 6.116 所示。

【步骤07】：使用 Insert Edge Loop Tool（插入环形边工具）命令根据参考图插入环形边并进行适当缩放和调节，如图 6.117 所示。

【步骤08】：继续使用 Insert Edge Loop Tool（插入环形边工具）命令根据参考图插入环形边并进行适当缩放和调节，如图 6.118 所示。

图 6.115　删除一半面
之后的效果

图 6.116　镜像关联复制的效果

图 6.117　插入环形边并调节
之后的效果

【步骤09】 选择围巾的两部分，在菜单栏中单击 Mesh（网格）→Combine（结合）命令。将两个对象结合成一个对象。如图 6.119 所示。

【步骤10】 进入围巾模型的 Vertex（顶点）编辑模式。使用 Merge（合并）命令将对象中间的顶点合并，如图 6.120 所示。

图 6.118　继续插入环形边
调节之后的效果

图 6.119　结合之后的效果

图 6.120　合并顶点之后的
效果

【步骤11】 进入模型的 Edge（边）编辑模式。选择如图 6.121 所示的边界边。

【步骤12】 使用 Extrude（挤出）命令对选择的边界边进行挤出、缩放和位置调节（挤出2 次，每挤出一次进行缩放和位置调节），如图 6.122 所示。

【步骤13】 进入模型的 Edge（边）编辑模式，选择如图 6.123 所示的边界边。

【步骤14】 使用 Extrude（挤出）命令对选择的边界边进行挤出、缩放和位置调节（挤出2 次，每挤出一次进行缩放和位置调节），如图 6.124 所示。

图 6.121　选择的边界边

图 6.122　挤出并
调节之后的效果

图 6.123　选择的
边界边

图 6.124　挤出 2 次并调节
之后的效果

2）制作游戏角色的皮袍模型

该游戏角色的皮袍模型制作非常简单，只需要在 Front（前视图）中创建一个 Plane（平面），再通过适当调节即可。

【步骤01】 在菜单栏中单击 Create（创建）→Polygon Primitives （多边形基本体）→Plane（平面）命令，在 Front（前视图）中创建一个平面。

【步骤02】 对创建的平面位置进行适当调节，如图 6.125 所示。

【步骤03】 进入模型的 Vertex（顶点）编辑模式，对顶点的位置进行调节，如图 6.126 所示。

【步骤04】 使用 Insert Edge Loop Tool（插入环形边工具）命令根据参考图插入环形边并进行适当缩放和调节，如图 6.127 所示。

图 6.125　创建的平面　　　图 6.126　调节之后的效果　　　图 6.127　插入环形边并调节之后的效果

【视频播放】 具体操作步骤，请观看配套视频"任务三：制作游戏角色的装备模型.wmv"。

七、拓展训练

运用案例 2 所学知识，使用如下参考图制作卡通角色的身体模型和身体装备模型。

第 7 章　场景模型制作——室外场景

案例 1：建筑墙体与底座模型制作

案例 2：建筑顶部模型制作

案例 3：建筑门窗和围栏模型的制作

案例 4：围墙、铁门、地形和植物的模型制作

说明：

本章主要通过 4 个案例介绍使用 Maya 2017 中的 Polygon（多边形）建模技术、Surfaces（曲面）建模技术和 Maya 2017 自带资源库制作室外场景的方法、技巧和流程。熟练掌握本章内容，读者可以举一反三地制作出各种室外场景模型。

教学建议课时数：

一般情况需要 20 课时，其中，理论 8 课时，实际操作 12 课时（特殊情况可相应调整）。

本章案例导读及效果预览（部分）

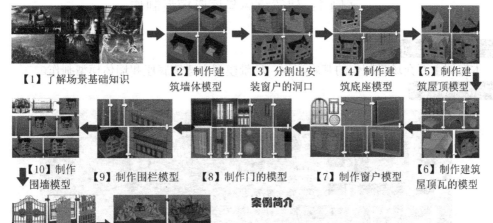

【1】了解场景基础知识　　【2】制作建筑墙体模型　　【3】分割出安装窗户的洞口　　【4】制作建筑底座模型　　【5】制作建筑屋顶模型

【10】制作围墙模型　　【9】制作围栏模型　　【8】制作门的模型　　【7】制作窗户模型　　【6】制作建筑屋顶瓦的模型

【11】制作铁门模型　　【12】制作山体石头和植物模型

案例简介

本章主要通过4个案例介绍使用Maya 2017中的Polygon（多边形）建模技术、Surfaces（曲面）建模技术和Maya 2017自带资源库制作室外场景的方法、技巧和流程。熟练掌握本章内容，读者可以举一反三制作出各种室外场景模型。

案例技术分析

本章案例主要讲解了室外场景模型的制作，用到的Maya知识难度不大，难点是了解建筑的基本常识、场景模型的比例关系。

要制作好的室外场景，需要通过大量的练习，才能熟练掌握它们的比例。

案例制作流程

本章主要通过4个案例介绍室外场景模型制作的流程、方法、技巧以及注意事项。案例1：建筑底座与墙体模型制作；案例2：建筑顶部模型制作；案例3：建筑门窗模型制作；案例4：围墙和铁门的模型制作。

案例素材： 本章案例素材和工程文件，位于本书配套光盘中的"Maya 2017jsjm/Chapter07/相应案例的工程文件目录"文件夹。

视频播放： 本章案例视频教学文件位于配套光盘中的"视频教学"文件夹。

本章主要通过 4 个案例全面介场景模型制作的原理、方法和基本流程。熟练掌握本章内容，读者可以举一反三地制作各种场景模型。

案例 1：建筑墙体与底座模型制作

一、案例内容简介

本案例主要介场景制作的基本流程、场景模型中建筑底座和墙体模型制作。

二、案例效果欣赏

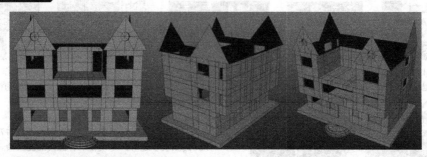

三、案例制作流程（步骤）及技巧分析

任务一：场景制作的基础知识　　任务二：制作建筑墙体模型　　任务三：分割出安装窗户的洞口　　任务四：制作建筑底座模型

四、制作目的

了解场景模型制作的基本流程，需要掌握的基础知识以及本案例中的建筑底座和墙体制作原理、方法以及技巧。

五、制作过程中需要解决的问题

（1）场景制作的原理和基本流程。

（2）场景模型制作需要掌握的知识点。

（3）建筑模型底座和墙体制作的方法和技巧。

（4）场景的概念和场景的分类。

（5）场景在影视动画中的作用。

（6）软件命令的作用、使用方法以及参数调节。

六、详细操作步骤

任务一：场景制作的基础知识

在使用动画讲述一个完整的故事时，需要用到的模型元素大致分三类：场景、道具和

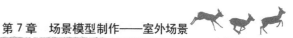

角色，三者缺一不可。在前面章节中已经详细介绍角色和道具模型制作的原理、方法以及技巧，本章主要介绍场景模型制作——室外场景。

1. 场景的概念和分类

所谓场景，是指影视动画中除角色以外周围的一切空间、环境和物件的集合。

场景一般分为室外场景、室内场景和室内外结合场景，如图 7.1 所示。

图 7.1　场景的分类

2. 场景在影视动画中的作用

场景在影视动画中的作用主要体现在以下几个方面：

（1）交代时空关系、塑造客观空间。场景设计要符合剧情内容，体现时代特征、历史风貌和民族文化特点，体现故事发生、发展的地点和时间，如图 7.2 所示。

（2）营造情绪氛围。场景设计一般要从剧本出发，营造出特定的气氛效果和情绪基调，场景设计还要从剧情和角色出发，符合剧情发展需要，符合角色生活环境，如图 7.3 所示。

（3）刻画角色的性格、心理。场景的主要作用是刻画角色，为角色服务，为创造生动、真实和性格鲜明的典型角色形象服务，通过场景可以体现角色的性格特征、体现角色的精神面貌和展现角色的心理活动。在影视动画中，场景与角色之间的关系是密不可分、相互依存的关系。典型的角色性格要通过典型环境来体现。例如，《冰雪奇缘》中的一个场景（见图 7.4），刻画了女主角艾莎优雅、美丽、矜持的女王性格。

图 7.2　交代故事发生的时空关系　　图 7.3　营造情绪氛围　　图 7.4　刻画角色

（4）动作的支点。场景与角色动作之间的关系非常密切，场景主要是根据角色的行为动作而周密设计的，它不仅仅有填充画面背景的作用，而且积极、主动地与故事情节发展结合在一起，成为角色活动的支点。

（5）隐喻的作用。场景的隐喻作用在影视动画中应用得比较多，通过场景的隐喻作用，可以体现潜移默化的视觉象征和深化主题的内在含义。

（6）可以强化矛盾冲突。

（7）叙事的作用。

3. 场景制作的基本流程

在影视动画中，场景分为二维动画场景和三维动画场景，这两种场景制作的基本流程略有差别。

1）二维场景制作的基本流程

【步骤01】：绘制线描草图，这是场景结构的蓝图。

【步骤02】：描绘出素描层次。

【步骤03】：描绘光影效果、色彩基调和色彩变化。

【步骤04】：最终形成场景画面并达到预期的情绪气氛。

2）三维场景制作的基本流程

【步骤01】：建模。三维建模主要有多边形建模、曲面建模和细分建模三种。

【步骤02】：材质。根据动画原画给模型赋予材质，材质可以通过各种渠道收集各种贴图材质，也可以绘制材质。

【步骤03】：灯光，根据氛围设计图，架设灯光，在 Maya 中提供了 6 种灯光类型。通过这 6 种灯光可以很轻松地模拟出自然光、人工光和特需用光。

【步骤04】：渲染输出。预览场景，检查模型、材质和灯光是否有问题，若有问题，则及时进行修改，最终设置和渲染输出。

视频播放具体介绍请观看配套视频"任务一：场景制作的基础知识.wmv"。

任务二：制作建筑墙体模型

建筑墙体模型的制作主要通过基本几何体，使用网格、网格编辑等命令组中的命令进行制作。

【步骤01】：启动 Maya 2017，创建一个名为"swcj"的项目工程文件。

【步骤02】：创建立方体作为墙体的基本大型。在菜单栏中单击 Create（创建）→Polygon Primitives（多边形基本体）→Cube（立方体）命令，在透视图中创建一个立方体，立方体的具体参数设置和效果如图 7.5 所示。

【步骤03】：插入循环边。在菜单栏中单击 Mesh Tools（网格工具）→Insert Edge Loop（插入循环边）命令，插入 3 条循环边。循环边的插入位置及比例如图 7.6 所示。

【步骤04】：选择需要挤出的面，如图 7.7 所示。

【步骤05】：挤出选择面，在菜单栏中单击 Edit Mesh（编辑网格）→Extrude（挤出）命令，挤出的具体参数和效果如图 7.8 所示。

图 7.5　立方体的参数设置和效果

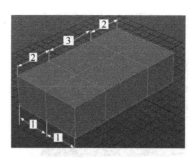

图 7.6　插入 3 条循环边

图 7.7　按步骤 4 选择需要挤出的面

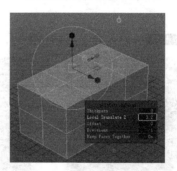

图 7.8　挤出参数和效果

【步骤06】：选择需要挤出的面，使用 Extrude（挤出）命令进行挤出，挤出的参数设置和效果如图 7.9 所示。

【步骤07】：继续选择需要挤出的面，使用 Extrude（挤出）命令进行挤出，挤出的参数设置和效果如图 7.10 所示。

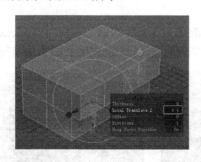

图 7.9　按步骤 6 挤出的参数设置和效果

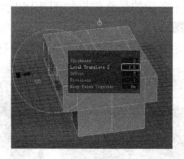

图 7.10　继续挤出参数设置和效果

【步骤08】：选择需要挤出的面，选择如图 7.11 所示面。

【步骤09】：对选择的面进行挤出，挤出参数设置和效果，如图 7.12 所示。

【步骤10】：删除多余的面，如图 7.13 所示。

【步骤11】：切换到边编辑模式，选择如图 7.14 所示的边。

【步骤12】：使用 Extrude（挤出）命令对选择的边进行挤出，具体参数设置和效果如图 7.15 所示。

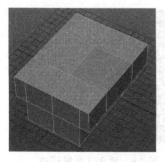

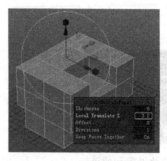

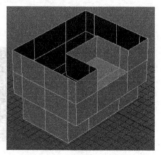

图 7.11　按步骤 8 选择需要挤出的面　　　图 7.12　按步骤 9 挤出参数　　　图 7.13　删除多余的面
　　　　　　　　　　　　　　　　　　　　　　　设置和效果　　　　　　　　　　之后的效果

【步骤13】：选择需要继续挤出的边，切换到边编辑模式，选择如图 7.16 所示的边。

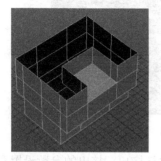

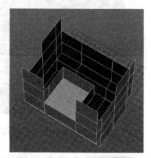

图 7.14　选择需要挤出的边　　　图 7.15　参数设置效果　　　图 7.16　选择需要继续挤出的边

【步骤14】：使用 Extrude（挤出）命令进行挤出，挤出参数设置和效果如图 7.17 所示。

【步骤15】：合并顶点，进入模型的顶点编辑模式，使用 Merge（合并）命令，对顶点进行合并，合并之后的最终效果如图 7.18 所示。

【步骤16】：对边进行附加操作。在菜单栏中单击 Mesh Tools（网格工具）→Append to Polygon（附加到多边形）命令，对边进行附加操作。附加之后的最终效果如图 7.19 所示。

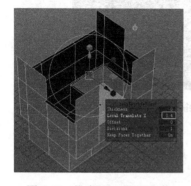

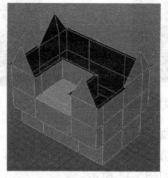

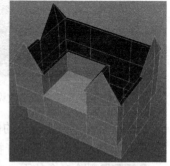

图 7.17　按步骤 14 挤出参数　　　图 7.18　合并顶点之后的效果　　　图 7.19　附加多边之后的效果
　　　　　　设置和效果

视频播放具体介绍请观看配套视频"任务二：制作建筑墙体模型.wmv"。

任务三：分割出安装窗户的洞口

分割窗户洞口的方法主要使用 Insert Edge Loop（插入循环边）和 Multi-Cut（多切割）命令添加循环边和切割边，使用 Extrude（挤出）命令对选择面进行挤出操作来制作。

[步骤01]：插入循环边。将模型切换到边编辑模式，在菜单栏中单击 Mesh Tools（网格工具）→Insert Edge Loop（插入循环边）命令，插入如图 7.20 所示的循环边，划分出窗户与门的位置。

[步骤02]：删除多余边。选择需要删除的边，如图 7.21 所示。在菜单栏中单击 Edit Mesh（编辑网格）→Delete Edge/Vertex（删除边/顶点）命令即可，删除边之后的效果如图 7.22 所示。

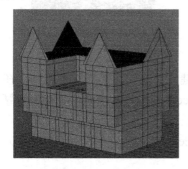
图 7.20　插入的循环边

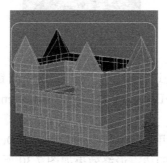
图 7.21　选择需要删除的边

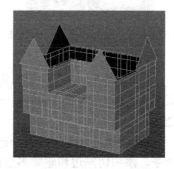
图 7.22　删除选择边之后的效果

[步骤03]：使用 Insert Edge Loop（插入循环边）命令继续加入 2 条循环边，加入的 2 条循环边如图 7.23 所示。

[步骤04]：切换到顶点编辑模式，在侧视图中调节后屋顶的两个顶点，调节之后的效果如图 7.24 所示。

[步骤05]：选择、挤出面。切换到对象的面编辑模式，选择需要挤出的面，在菜单栏中单击 Edit Mesh（编辑网格）→Extrude（挤出）命令，挤出参数和效果如图 7.25 所示。

图 7.23　按步骤 3 加入的
两条循环边

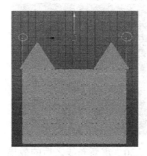
图 7.24　调节顶点之后的效果

图 7.25　挤出参数和效果

[步骤06]：删除多余的面，在面被选中的状态下，单击键盘上的 Delete 键即可。删除面之后的效果如图 7.26 所示。

[步骤07]：方法同上，继续对侧面和 3 楼的窗和门处的面进行挤出和删除操作，最终效

果如图 7.27 所示。

【步骤08】：创建圆柱体。在菜单栏中单击 Create（创建）→Polygon Primitives（多边形基本体）→Cylinder（圆柱）命令，在前视图中创建 2 个 Radius（半径）为 0.5m 的圆柱体，效果和位置如图 7.28 所示。

图 7.26　删除多余面之后的效果　　图 7.27　继续挤出和　　图 7.28　创建 2 个圆柱体的
　　　　　　　　　　　　　　　　　　　　删除面效果　　　　　　　　效果和位置

【步骤09】：进行布尔运算。先选择墙体模型，按住 Shift 键，加选创建的 2 个圆柱体，在菜单栏中单击 Mesh（网格）→Booleans（布尔）→Difference（差集）命令即可。布尔运算之后的效果如图 7.29 所示。

【步骤10】：进行重新布线。使用 Multi-Cut（多切割）和 Delete Edge/Vertex（删除边/顶点）命令，添加切割边和删除多余的边，最终效果如图 7.30 所示。

【视频播放】具体介绍请观看配套视频"任务三：分割出安装窗户的洞口 .wmv"

■任务四：制作建筑底座模型

建筑底座的制作主要使用集合基本体、Extrude（挤出）和变换操作等命令来完成。

【步骤01】：创建立方体。在菜单栏中单击 Create（创建）→Polygon Primitives（多边形基本体）→Cube（立方体）命令，在顶视图中创建一个立方体，立方体的具体参数设置和效果，如图 7.31 所示。

图 7.29　布尔运算之后的效果　　图 7.30　重新布线之后的效果　　图 7.31　立方体的参数设置和效果

【步骤02】：创建圆柱体，在菜单栏中单击 Create（创建）→Polygon Primitives（多边形基本体）→Cylinder（圆柱体）命令，在顶视图中创建一个圆柱体，圆柱体的具体参数设置和效果如图 7.32 所示。

【步骤03】：切换到面编辑模式，删除多余的面，删除之后的效果如图 7.33 所示。

【步骤04】: 挤出和调节。使用 Extrude（挤出）命令对圆柱的顶面进行挤出和顶点调节处理，最终效果如图 7.34 所示。

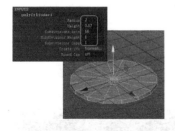

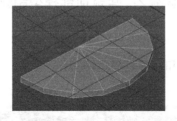

图 7.32 圆柱体参数和效果　　　图 7.33 删除多余面　　　图 7.34 挤出和调节
　　　　　　　　　　　　　　　　之后的效果　　　　　　　之后的最终效果

【步骤05】: 选择边。切换到模型的边编辑模式，选择需要倒角的面，如图 7.35 所示。

【步骤06】: 倒角操作。在菜单栏中单击 Edit Mesh（编辑网格）→Bevel（倒角）命令。倒角参数和效果如图 7.36 所示。底座和墙体效果如图 7.37 所示。

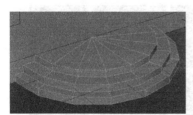

图 7.36 选择需要倒角的面　　　图 7.36 倒角参数和效果　　　图 7.37 底座和墙体效果

视频播放 具体介绍请观看配套视频"任务四：制作建筑底座模型.wmv"。

七、拓展训练

运用案例 1 所学知识，根据如下参考图制作底座和墙体效果。

案例 2：建筑顶部模型制作

一、案例内容简介

本案例主要讲解建筑顶部和瓦片等模型的制作。

二、案例效果欣赏

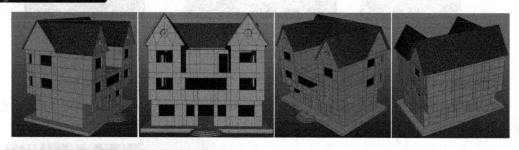

三、案例制作流程（步骤）及技巧分析

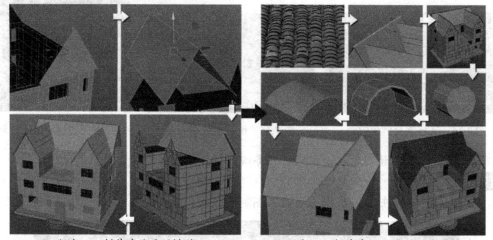

任务一：制作建筑屋顶模型　　　　　　任务二：制作建筑屋顶和瓦片的模型

四、制作目的

熟练掌握建筑模型中顶部模型制作的原理、方法以及技巧。

五、制作过程中需要解决的问题

（1）瓦片的基本尺寸。

（2）Duplicate（特殊复制）和 Duplicate with Transform（复制并变换）命令的作用和使用方法。

（3）瓦片的制作原理、方法以及技巧。

六、详细操作步骤

本案例主要使用 Edit Mesh（编辑网格）、Mesh Tools（网格工具）和 Mesh（网格）命

令组中的命令制作建筑的屋顶和瓦片模型。

任务一：制作建筑屋顶模型

1. 制作后屋顶模型

【步骤01】：复制面。选择如图 7.38 所示的面，在菜单栏中单击 Edit Mesh（编辑网格）→Duplicate（复制）命令，即可将选择的面复制一份。

【步骤02】：对选择的面进行挤出，选择复制出来的面，使用 Extrude（挤出）命令，对复制的面进行挤出，具体参数和效果如图 7.39 所示。

【步骤03】：删除屋顶多余的面，删除面之后的效果如图 7.40 所示。

图 7.38　选择需要复制的面

图 7.39　对复制的面进行挤出的效果

图 7.40　删除多余的面之后的效果

【步骤04】：进行挤出操作。选择剩下的面，使用 Extrude（挤出）命令进行挤出，挤出参数设置和效果如图 7.41 所示。

【步骤05】：再使用 Extrude（挤出）命令对屋顶的边进行挤出并调节位置，最终效果如图 7.42 所示。

2. 制作前屋顶模型

前屋顶模型的制作，在此采用先挤出后分离的方法来制作。

【步骤01】：选择如图 7.43 所示的需要挤出的边。

图 7.41　挤出参数设置和效果

图 7.42　后屋顶最终效果

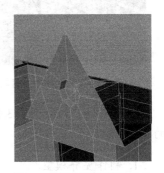
图 7.43　选择需要挤出的边

【步骤02】：使用 Extrude（挤出）命令对选择的边进行挤出，挤出参数和效果如图 7.44 所示。

【步骤03】：提取面，选择第 2 步挤出的面，在菜单栏中单击 Edit Mesh（编辑网格）→Extract（提取）命令即可。

【步骤04】：对提取的面进行挤出，挤出参数设置和效果如图 7.45 所示。

【步骤05】：使用 Insert Edge Loop（插入循环边）命令，对挤出的面加一条循环边，进入顶点编辑模式，对插入的循环顶点进行调节，如图 7.46 所示。

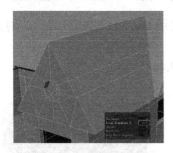
图 7.44　挤出参数和效果

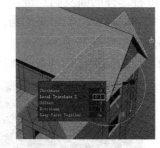
图 7.45　挤出参数
设置和效果

图 7.46　添加循环边并
调节顶点位置的效果

【步骤06】：删除屋顶多余的面，删除面之后的效果如图 7.47 所示。

【步骤07】：将制作好的前屋顶再复制一份，调节好位置，效果如图 7.48 所示。

【视频播放】具体介绍请观看配套视频"任务一：制作建筑屋顶模型.wmv"。

任务二：制作建筑屋顶瓦的模型

屋顶瓦效果的制作主要有建模方式和贴图表现方式两种，如果建筑在动画中是主要场景时，可采用建模方式，如果建筑在动画中是配景，可采用贴图方式。贴图方式比较简单就不再介绍，在此，介绍建模的方式来制作屋顶的瓦片效果。

首先，通过网络或拍摄收集尽可能多的参考，如图 7.49 所示。

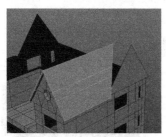
图 7.47　删除多余面之后的效果

图 7.48　复制并调节好位置

图 7.49　屋顶琉璃瓦参考图

【提示】：在此，只提供了 3 张具有代表性的图片，更多参考图请读者参考配套素材中提供的图片。

1. 制作屋脊模型

【步骤01】：在侧视图中创建圆柱体。在菜单栏中单击 Create（创建）→Polygon Primitives

（多边形基本体）→Cylinder（圆柱体）命令，在侧视图中创建一个 Radius（半径）为 8cm 的圆柱体，如图 7.50 所示。

【步骤02】：删除面，切换到圆柱体的面编辑模式，删除多余的面，如图 7.51 所示。

【步骤03】：使用缩放工具，对删除面之后的模型进行压缩操作，压缩之后的高度约为 30cm，如图 7.52 所示。

图 7.50 创建的圆柱体　　　　图 7.51　删除多余面的效果　　　图 7.52　缩放之后的效果

【步骤04】：挤出操作，选择屋脊所选择的面，使用 Extrude（挤出）命令进行挤出，挤出的具体参数设置和效果如图 7.53 所示。

【步骤05】：选择屋脊内侧的面，使用 Extrude（挤出）命令进行挤出并调节顶点和删除多余的面，最终效果如图 7.54 所示。

【步骤06】：使用 Multi-Cut（多切割）和 Extrude（挤出）命令，添加切割边，删除多余边，再进行挤出和顶点调节操作，最终效果如图 7.55 所示。

图 7.53　挤出参数设置和效果　　　图 7.54　挤出和调节之后的效果　　　图 7.55　最终屋脊效果

【步骤07】：对制作好的屋脊，复制 2 个，再使用移动工具、旋转工具进行旋转和移动操作，对顶点进行调节，最终的屋脊效果如图 7.56 所示。

2. 制作瓦片模型

瓦片主要通过对圆柱体进行编辑来制作。

【步骤01】：在前视图中创建圆柱体。在菜单栏中单击 Create（创建）→Polygon Primitives（多边形基本体）→Cylinder（圆柱体）命令，在侧视图中创建一个 Radius（半径）为 16cm，Height（高）为 30cm 的圆柱体，如图 7.57 所示。

【步骤02】：切换到面编辑模式，删除多余的面，使用 Extrude（挤出）命令对保留的面进行挤出，挤出参数和效果如图 7.58 所示。

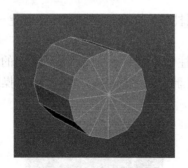
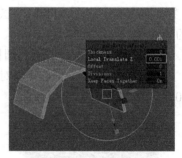

图 7.56　最终的屋脊效果　　　　图 7.57　创建的圆柱体　　　　图 7.58　挤出参数和效果

【步骤03】使用 Insert Edge Loop（插入循环边）命令，对瓦片插入 6 条环形边，平滑效果如图 7.59 所示。

【步骤04】使用 Extrude（挤出）命令和缩放命令对瓦片进行挤出和缩放操作，效果如图 7.60 所示。

【步骤05】使用 "Ctrl+D" 复制瓦片对象并调节位置，最终效果如图 7.61 所示。

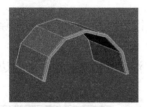

图 7.59　插入 6 条环形边的效果　　　图 7.60　挤出缩放之后的效果　　　图 7.61　复制并调节之后的效果

【步骤06】再复制一份调节好的瓦片效果，调节好位置，如图 7.62 所示。

【步骤07】方法同上，继续复制制作的瓦片和调节位置，最终效果如图 7.63 所示。

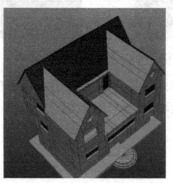

图 7.62　复制调节的另一侧瓦片　　　　　图 7.63　继续复制和调节之后的效果

【视频播放】具体介绍请观看配套视频 "任务二：制作建筑屋顶瓦的模型.wmv"。

七、拓展训练

根据案例 2 所学知识，使用如下参考图制作建筑顶部模型。

案例 3：建筑门窗和围栏模型的制作

一、案例内容简介

本案例主要讲解建筑的门、窗和围栏模型的制作。

二、案例效果欣赏

三、案例制作流程（步骤）及技巧分析

任务一：制作窗户模型　　　　任务二：门模型的制作　　　　任务三：制作二楼围栏

四、制作目的

熟练掌握建筑模型中门、窗和围栏模型制作的原理、方法及技巧。

五、制作过程中需要解决的问题

（1）窗户、门和栏杆的基本尺寸。

（2）窗户、门和栏杆的制作基本原理。

（3）建模命令的综合应用。

六、详细操作步骤

本案例主要使用 Edit Mesh（编辑网格）、Mesh Tools（网格工具）和 Mesh（网格）命令组中的命令制作建筑的窗户、门和栏杆模型。

任务一：制作窗户模型

窗户模型主要通过对一个平面进行挤出、插入循环边和调节顶点位置等相关操作来进行。

【步骤01】：收集参考资料，如图 7.64 所示。

【步骤02】：创建一个平面，在菜单栏中单击 Create（创建）→Polygon Primitives（多边形基本体）→Plane（平面）命令，在前视图中创建一个平面，如图 7.65 所示。

【步骤03】：使用 Extrude（挤出）命令对创建的平面进行 2 次挤出操作和调节，并删除多余的面，效果如图 7.66 所示。

 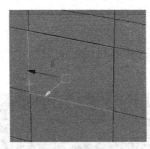 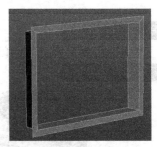

图 7.64　窗户参考资料　　　　图 7.65　创建的平面　　　　图 7.66　挤出和删除多余面的效果

【步骤04】：切换到对象的边编辑模式，选择最外侧的边，使用 Extrude（挤出）命令进行挤出，挤出参数和效果如图 7.67 所示。

【步骤05】：使用 Plane（平面）命令创建一个平面，大小为窗门内侧的一半，如图 7.68 所示。

【步骤06】：操作方法参考第 3～4 步骤，使用 Extrude（挤出）命令，对创建的平面进行挤出和调节，最终效果如图 7.69 所示。

 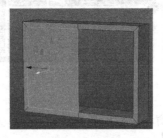 

图 7.67　挤出参数和效果　　　　图 7.68　创建的平面　　　　图 7.69　挤出和调节的效果

【步骤07】：倒角操作，切换到边编辑模式，选择需要倒角的边，如图 7.70 所示。在菜单栏中单击 Edit Mesh（编辑网格）→Bevel（倒角）命令，设置 Bevel（倒角）命令参数，具

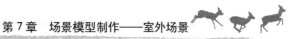

体参数设置和效果如图 7.71 所示。

【步骤08】使用 Plane（平面）命令，创建一个平面，再使用 Insert Edge Loop（插入循环边）插入如图 7.72 所示的循环边。

图 7.70 选择的边　　　　图 7.71 倒角之后的效果　　　　图 7.72 创建的平面和添加
循环边之后的效果

【步骤09】选择所有的循环边，添加 Bevel（倒角）命令，Bevel（倒角）命令的参数设置和效果如图 7.73 所示。

【步骤10】切换到对象的面编辑模式，删除多余的面，如图 7.74 所示。

【步骤11】切换到对象的面编辑模式，选择所有的面，添加 Extrude（挤出）命令，挤出的参数设置和效果如图 7.75 所示。

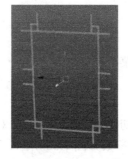
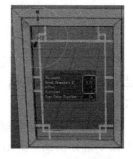

图 7.73 倒角命令参数和效果　　图 7.74 删除多余面之后的效果　　图 7.75 挤出参数设置和效果

【步骤12】使用 Plane（平面）命令，创建一个平面作为窗户的玻璃，如图 7.76 所示。

【步骤13】选择窗户，按键盘上的"Ctrl+G"组合键，将其分组，组名为"chuaghu01"。再复制一份并调节好位置，效果如图 7.77 所示。

【步骤14】将制作好的窗户模型和窗框模型一起创建一个组并命名为"ch01"。对"ch01"进行复制和调节位置，最终效果如图 7.78 所示。

【步骤15】其他窗户的制作方法很简单，只要复制前面制作的窗户，调好位置，进入点编辑模式，调节顶点来匹配位置即可。最终窗户效果如图 7.79 所示。

【视频播放】具体介绍请观看配套视频"任务一：制作窗户模型.wmv"。

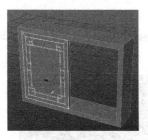

图 7.76　添加的平面效果

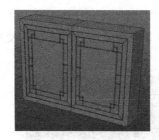

图 7.77　复制并调节位置的效果

图 7.78　复制并调节之后的窗户

任务二：门模型的制作

门模型的制作方法主要通过对基本几何体对象进行编辑得到。在制作门模型之前，需要收集一些门的参考效果，结合自己的制作思路进行适当的修改。收集的门的参考效果如图 7.80 所示。

图 7.79　最终窗户效果

图 7.80　门参考图

1．制作门框

【步骤01】：创建一个平面。在菜单栏中选择 Create（创建）→Polygon Primitives（多边形基本体）→Plane（平面）命令，在视图中创建一个平面并命名为"menkuang"，效果如图 7.81 所示。

【步骤02】：挤出和删除操作。切换到"menkuang"对象的面编辑模式，使用 Extrude（挤出）命令进行挤出，挤出效果和参数如图 7.82 所示。删除多余的面并调节顶点的位置，最终效果如图 7.83 所示。

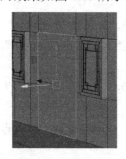

图 7.81　创建的平面

图 7.82　挤出效果和参数

图 7.83　删除多余面和调节顶点之后的效果

【步骤03】:插入循环边。在菜单栏中单击 Mesh Tools（网格工具）→Insert Edge Loop（插入循环边）→■图标，弹出【Tool Settings（工具设置）】对话框，具体参数设置如图 7.84 所示。给"menkuang"插入循环边，如图 7.85 所示。

【步骤04】:选择需要挤出的面，使用 Extrude（挤出）命令进行挤出，效果和参数设置如图 7.86 所示。

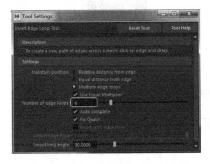
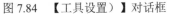

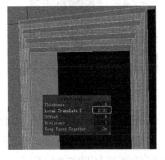

图 7.84 【工具设置）】对话框　　　图 7.85 插入的循环边　　　图 7.86 挤出参数和挤出效果

【步骤05】:选择"menkuang"的边界边，继续使用 Extrude（挤出）命令进行挤出，挤出效果如图 7.87 所示。

【步骤06】:倒角操作。选择需要进行倒角的边，如图 7.88 所示，在菜单栏中单击 Edit Mesh（编辑网格）→Bevel（倒角）命令，设置倒角参数，具体参数设置和效果如图 7.89 所示。

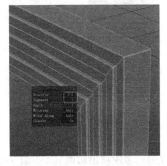

图 7.87 挤出效果　　　　图 7.88 选择的边　　　　图 7.89 倒角参数设置和效果

2. 制作门扇模型

门扇模型的制作方法是，创建一个平面，对平面添加循环边，对面进行挤出和调节，再对边进行倒角。

【步骤01】:绘制平面，在菜单栏中单击 Create（创建）→Polygon Printives（多边形基本体）→Plane（平面）命令，在 Side（侧视图）中绘制一个平面，如图 7.90 所示。

【步骤02】:插入循环边，在菜单栏中单击 Mesh Tools（网格工具）→Insert Edge Loop（插循环边）命令，给绘制的平面插入两条循环边，如图 7.91 所示。

【步骤03】:挤出面操作。选择需要挤出的面，在菜单栏中单击 Edit Mesh（编辑网格）→

Extrude（挤出）命令，对选择的面进行挤出操作，再对挤出的顶点进行适当调节，最终效果如图 7.92 所示。

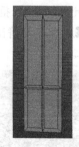

图 7.90　创建的平面　　　　图 7.91　插入 2 条循环边　　　图 7.92　挤出顶点和调节之后的效果

[步骤04]：继续使用 Extrude（挤出）命令进行挤出和顶点调节，效果如图 7.93 所示。

[步骤05]：倒角操作。选择需要倒角的边，使用 Bevel（倒角）命令进行倒角操作，倒角之后的效果如图 7.94 所示。

3. 制作门的拉手

门拉手是通过对基本球体进行桥接、挤出、镜像、结合和合并来制作的。

[步骤01]：在 Top（顶视图）中创建两个球体，效果和具体参数设置如图 7.95 所示。

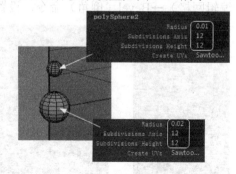

图 7.93　多次挤出和调节　　　图 7.94　倒角之后的效果　　　图 7.95　创建的两个球体
　　　之后的效果

[步骤02]：进行结合操作。单选创建的两个球体。在菜单栏中单击 Mesh（网格）→Combine（结合）命令即可将两个球体结合为一个对象。

[步骤03]：进行桥接操作。切换到对象的 Face（面）编辑模式。选择如图 7.96 所示的面，在菜单栏中单击 Edit Mesh（编辑网格）→Bridge（桥接）命令，具体参数设置和效果如图 7.97 所示。

[步骤04]：挤出和删除操作，进入对象的 Face（面）编辑模式，选择如图 7.98 所示的面，使用 Extrude（挤出）命令进行挤出，如图 7.99 所示。删除多余的面，如图 7.100 所示。

[步骤05]：将挤出的结果镜像复制一份，并进行 Combine（结合）和 Merge（合并操作）操作，效果如图 7.101 所示。

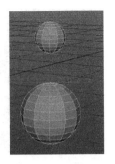

图 7.96　选择的面

图 7.97　桥接效果和参数设置

图 7.98　选择的面

图 7.99　挤出的效果

图 7.100　删除多余面的效果

图 7.101　结合和合并操作之后的效果

【步骤06】使用 Insert Edge Loop（插循环边）命令插入如图 7.102 所示的循环边。

【步骤07】挤出和删除操作。选择需要挤出的面，如图 7.103 所示。使用 Extrude（挤出）命令进行挤出操作并删除多余的面，效果如图 7.104 所示。

【步骤08】使用 Insert Edge Loop（插循环边）命令插入循环边并进行调节，效果如图 7.105 所示。

图 7.102　插入的循环边

图 7.103　选择需要
挤出的面

图 7.104　挤出并
删除多余面的效果

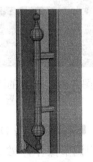

图 7.105　插入并
调节循环边的效果

【步骤09】挤出调节操作，选择如图 7.106 所示的面。使用 Extrude（挤出）命令进行挤出操作，对挤出的面进行缩放操作，效果如图 7.107 所示。

【步骤10】将拉手和门扇进行结合操作，如图 7.108 所示。将制作好的门进行镜像操作，并调节好位置，最终效果如图 7.109 所示。

图 7.106　选择的面　　图 7.107　挤出并　　图 7.108　合并操作　　图 7.109　镜像复制和
调节之后的效果　　　　之后的效果　　　　　调节好位置的效果

【步骤11】：二楼门的制作。二楼门的制作比较简单，只要将制作好的门复制一份，进行适当调节即可。

【视频播放】具体介绍请观看配套视频"任务二：门模型的制作.wmv"。

任务三：制作二楼围栏

二楼围栏模型主要通过对基本圆柱体进行编辑来制作，具体制作方法如下。

【步骤01】：在 Top（顶视图）中创建一个圆柱体，具体参数设置如图 7.110 所示。

【步骤02】：切换到圆柱的 Edge（边）编辑模式。选择需要缩放的边进行缩放操作，效果如图 7.111 所示。

【步骤03】：在 Top（顶视图）中创建一个立方体，并对立方体进行挤出和缩放操作，最终效果如图 7.112 所示。

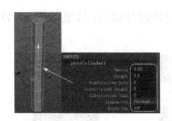

图 7.110　创建的圆柱体和　　图 7.111　缩放操作之后的效果　　图 7.112　创建的立方体并挤出和
参数设置　　　　　　　　　　　　　　　　　　　　　　　　　缩放操作之后的效果

【步骤04】：使用 Duplicate Special（特殊复制）命令对创建的立方体和圆柱体栏杆进行复制和调节操作，效果如图 7.113 所示。整个建筑效果如图 7.114 所示。

图 7.113　特殊复制和调节之后的效果　　　　图 7.114　建筑的最终模型效果

具体介绍请观看配套视频"任务三：制作二楼围栏.wmv"。

七、拓展训练

根据案例 3 所学知识，使用如下参考图制作建筑场景的门、窗和围栏模型效果。

案例 4：围墙、铁门、地形和植物的模型制作

一、案例内容简介

本案例主要讲解建筑围墙、铁门、地形和植物的模型制作。

二、案例效果欣赏

三、案例制作流程（步骤）及技巧分析

任务一：制作围墙　　　任务二：制作铁门模型　　　任务三：制作山体、石头和植物模型

四、制作目的

熟练掌握建筑模型中围墙、铁门、地形、植物模型制作的原理、方法及技巧。

五、制作过程中需要解决的问题

（1）围墙和铁门的基本尺寸。

（2）围墙和铁门制作的基本原理。

（3）建模命令的综合应用。

（4）植物参数的含义和调节方法。

六、详细操作步骤

本案例主要使用 Maya 2017 中的建模命令制作围墙和铁门模型。

任务一：制作围墙

围墙制作的方法是，对创建的多边形平面进行挤出和添加边。

1. 制作围墙基座和墩柱

【步骤01】：收集适合的参考资料，本案例的参考图如图 7.115 所示。

【步骤02】：使用 Plane（平面）命令，在 Top（顶视图）中创建一个平面，如图 7.116 所示。

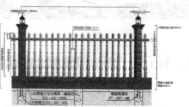

图 7.115　收集的参考图　　　　　　　　　　　图 7.116　创建的平面

【步骤03】：插入循环边。在菜单栏中单击 Mesh Tool（网格工具）→Insert Edge Loop（插入循环边）命令，插入如图 7.117 所示的循环边。

【步骤04】：挤出操作。选择需要挤出的边，使用 Extrude（挤出）命令，对选择的面进行挤出，挤出参数和效果如图 7.118 所示。

【步骤05】：使用 Insert Edge Loop（插入循环边）命令继续插入循环边，如图 7.119 所示。

图 7.117　插入的循环边　　　图 7.118　挤出参数和效果　　　图 7.119　插入的循环边

【步骤06】：选择需要挤出的面进行挤出，挤出参数和效果如图 7.120 所示。

【步骤07】：继续使用 Extrude（挤出）命令，对挤出的面进行挤出 4 次，并将墙面大门处的两个墩子拉高一点，最终效果如图 7.121 所示。

【步骤08】：在每一墩子上创建一个球体作为照明灯，效果如图 7.122 所示。

2. 制作围墙的花瓶柱

围墙花瓶柱的制作方法主要通过绘制二维曲线，对二维曲线进行旋转和转换来完成。

图 7.120　挤出参数和效果

图 7.121　挤出的效果

图 7.122　创建的照明灯

【步骤01】：根据参考图，使用 Pencil Curve Tool（铅笔曲线工具）命令，绘制如图 7.123 所示的曲线。

【步骤02】：对绘制的曲线进行旋转操作。在菜单栏中单击 Surfaces（曲面）→Revolve（旋转）→■图标，弹出【Revolve Options】（旋转选项）对话框，设置参数，具体设置如图 7.124 所示。单击【Revolve】（旋转）按钮即可得到如图 7.125 所示的花瓶柱效果。

图 7.123　绘制的曲线

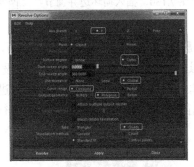

图 7.124　（旋转选项）对话框参数设置

图 7.125　旋转曲线的效果

【步骤03】：使用 Duplicate with Transform（复制并变换）命令继续复制旋转得到的花瓶柱，并调节好位置，最终效果如图 7.126 所示。

【步骤04】：使用 Cube（立方体）绘制立方体，作为横梁连接杆，效果如图 7.127 所示。

【步骤05】：方法同第 4 步骤，继续使用 Cube（立方体）命令，制作其他横梁柱连接杆，最终效果如图 7.128 所示。

图 7.126　复制并变换得到的花瓶柱

图 7.127　横梁连接杆效果

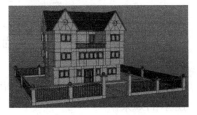

图 7.128　其他横梁效果

【视频播放】具体介绍请观看配套视频"任务一：制作围墙.wmv"。

任务二：制作铁门模型

铁门效果主要根据参考图，对多边形面进行编辑得到。具体操作方法如下。

【步骤01】：将参考图导入场景中，如图 7.129 所示。绘制一个 Plane（平面）。根据参考图插入循环边，并调节顶点，效果如图 7.130 所示。

【步骤02】：选择需要挤出的面，使用 Extrude（挤出）命令，对选择的面进行挤出，挤出参数和效果如图 7.131 所示。

图 7.129　参考图　　　　图 7.130　插入循环边并调节　　　图 7.131　挤出参数设置和效果
顶点之后的效果

【步骤03】：将多余的面删除，删除面之后的效果如图 7.132 所示。

【步骤04】：选择最外围的边界边，进行挤出操作，挤出参数设置和效果如图 7.133 所示。

【步骤05】：使用 Sphere（球体）命令，创建球体，并对球体进行适当压缩，删除被遮挡的部分面，即可显现铁门的铜帽装饰效果。对制作好的铜帽进行复制和位置调节，最终效果如图 7.134 所示。

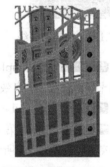

图 7.132　删除面之后的效果　　　图 7.133　挤出参数设置和效果　　　图 7.134　创建的铜帽效果

【步骤06】：制作铁门圆形装饰，创建一个圆柱体并删除多余的面，得到一个圆形面，如图 7.135 所示。

【步骤07】：使用 Extrude（挤出）命令，对圆形面进行挤出和缩放操作，得到如图 7.136 所示的效果。

【步骤08】：使用 Bevel（倒角）命令，对边进行倒角操作，最终效果如图 7.137 所示。

【步骤11】：将前面制作好的铜帽进行复制并适当缩放操作，调节好位置，效果如图 7.138 所示。

【步骤12】：铁门的花纹制作。创建一个立方体，绘制一条路径，如图 7.139 所示。

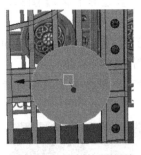
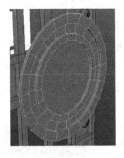

图 7.135　绘制的圆形面　　图 7.136　挤出的效果　　图 7.137　倒角效果　　图 7.138　铜帽效果

步骤13：沿路径挤出。选择立方体需要挤出的面和挤出路径。执行 Extrude（挤出）命令即可。挤出效果如图 7.140 所示。

步骤14：其他花纹制作方法相同，对制作好的铁门再镜像复制一份，最终制作好的效果如图 7.141 所示。

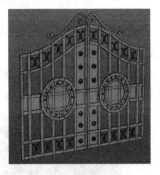

图 7.139　创建的立方体和曲线　　图 7.140　沿路径挤出的效果　　图 7.141　制作好的铁门效果

步骤15：将其他模型显示出来，添加摄像机，最终效果如图 7.142 所示。

图 7.142　最终的建筑效果

视频播放具体介绍请观看配套视频"任务二：制作铁门模型.wmv"。

任务三：制作山体、石头和植物模型

1. 制作山体模型

山体主要通过雕刻工具对平面进行雕刻或调节平面顶点来制作。具体操作方法如下。

步骤01：在 Polygons（多边形）工具架中单击 ◆【Polygon Plane（多边形平面）】图标，在 Top（顶视图）中创建一个平面。参数和效果如图 7.143 所示。

步骤02：在 Sculpting（雕刻）工具架中单击 ●【Sculpt Tool（雕刻工具）】,适当调节【Sculpt Tool（雕刻工具）】的雕刻笔大小。对平面进行雕刻，最终效果如图 7.144 所示。

提示：在使用【Sculpt Tool（雕刻工具）】进行雕刻的时候，读者可以根据自己的喜好进行任意雕刻，以下的雕刻效果只供参考。

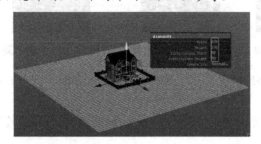

图 7.143　参数和平面效果

图 7.144　雕刻之后的效果

步骤03：平滑操作。在菜单栏中单击 Mesh（网格）→Smooth（平滑）命令即可。效果如图 7.145 所示。

步骤04：调节顶点。切换到平面的顶点编辑模式。开启移动工具的软选择功能。对顶点进行适当调节，再添加 Smooth（平滑）命令，最终效果如图 7.146 所示。

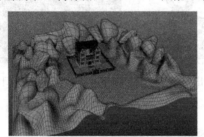

图 7.145　平滑之后的效果

图 7.146　调节顶点和平滑之后的效果

2. 制作石头模型

石头模型的制作比较简单，创建立方体，给立方体添加 Smooth（平滑）命令，再适当调节顶点、形态和缩放大小即可。

步骤01：在场景中创建立方体。

步骤02：给创建的立方体添加 Smooth（平滑）命令。进入顶点编辑模式，调节顶点的位置。对制作好的对象进行复制和变形操作，最终效果如图 7.147 所示。

3. 制作植物模型

植物模型的制作比较简单，主要采用 Maya 2017 中自带的植物模型即可。具体操作如下。

【步骤01】添加植物效果。在菜单栏中单击 Windows（窗口）→Modeling Editors（建模编辑器）→Paint Effects（画笔特效）命令，打开【Paint Effects（画笔特效）】对话框，在该对话框中单击█图标，如图 7.148 所示。

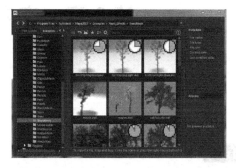

图 7.147　制作的石头效果　　　　　图 7.148　【Content Browser（内容浏览器）】对话框

【步骤02】在【Content Browser（内容浏览器）】对话框中，选择合适的树木或其他植物在场景中绘制并调节参数，添加植物之后的四个视图中的效果如图 7.149 所示。最终效果如图 7.150 所示。

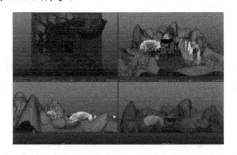

图 7.149　添加植物之后的四个视图中的效果　　　　图 7.150　添加植物之后的最终效果

视频播放具体介绍请观看配套视频"任务三：制作山体、石头和植物模型.wmv"。

七、拓展训练

运用案例 4 所学的知识，使用如下参考图制作建筑场景的围墙效果。

第 8 章　室内场景——书房

案例 1：书房墙体、窗户和顶面模型的制作

案例 2：书柜模型的制作

案例 3：书桌和椅子模型的制作

案例 4：各种装饰模型的制作

本章主要通过 4 个案例，介绍使用 Maya 2017 中的 Polygon（多边形）建模技术和 Surfaces（曲面）建模技术相结合制作室内场景的方法、技巧和流程。熟练掌握本章内容，读者可以举一反三地制作出各种室内场景模型。

一般情况需要 20 课时，其中，理论 8 课时，实际操作 12 课时（特殊情况可相应调整）。

本章案例导读及效果预览（部分）

【1】制作书房墙体模型　【2】制作窗户模型　【3】制作书房吊顶模型　【4】制作吊灯模型　【5】制作书柜的主体模型

【9】制作圈椅模型　【8】制作书桌模型　【7】制作书柜玻璃门模型　【6】制作书柜木门模型

【10】制作书籍模型　【11】制作笔筒模型　【12】制作画框模型　【13】制作笔架模型

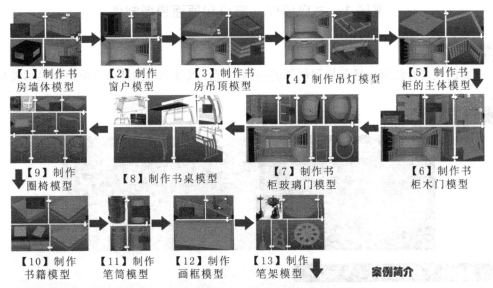

案例简介

　　本章主要通过4个案例介绍使用Maya 2017中的Polygon（多边形）建模技术和Surfaces（曲面）建模技术相结合制作室内场景的方法、技巧和流程。熟练掌握本章内容，读者可以举一反三制作出各种室内场景模型。

案例技术分析

　　本章案例主要介绍室内场景模型制作，难点是书房的窗户和圈椅模型的制作，在制作圈椅的时候不仅要理解圈椅的结构，还要综合多边形技术来表现圈椅的结构。

案例制作流程

　　本章主要通过4个案例制作室内场景。案例1：书房墙体、窗户和顶面模型制作；案例2：书柜模型的制作；案例3：书桌和椅子模型的制作；案例4：各种装饰模型的制作。

> **案例素材：**本章案例素材和工程文件，位于本书配套光盘中的"Maya 2017jsjm/Chapter08/相应案例的工程文件目录"文件夹。
>
> **视频播放：**本章案例视频教学文件位于配套光盘中的"视频教学"文件夹。

在本章中主要通过 4 个案例全面介绍室内场景模型制作的原理、方法和基本流程。熟练掌握本章内容，读者可以举一反三地制作各种室内场景模型。

案例 1：书房墙体、窗户和顶面模型制作

一、案例内容简介

本案例主要介绍室内场景模型制作的基本流程，以及书房的墙体、窗户和吊顶模型的制作。

二、案例效果欣赏

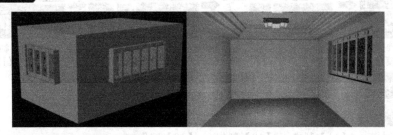

三、案例制作流程（步骤）及技巧分析

任务一：书房　　　　任务二：窗　　　　任务三：制作　　　　任务四：吊
墙体模型制作　　　　户模型的制作　　　　书房吊顶模型　　　　顶模型的制作

四、制作目的

了解室内场景模型制作的基本流程，掌握书房整体效果的制作。

五、制作过程中需要解决的问题

（1）室内场景模型制作的原理、方法和基本流程。

（2）利用 ai 路径制作模型的原理、方法以及技巧。

（3）Mesh（网格）、Edit Mesh（编辑网格）、Mesh Tool（网格工具）和 Mesh Display（显示网格）命令组中命令的灵活使用。

六、详细操作步骤

任务一：书房墙体模型的制作

书房墙体模型制作的方法比较简单，主要通过对创建的立方体进行编辑来完成。具体操作方法如下。

【步骤01】创建立方体。在菜单栏中单击 Create（创建）→Polygon Primitives（多边形基

本体）→Cube（立方体）命令。在场景中创建一个立方体，并命名为"qiangti"，具体参数设置和效果如图 8.1 所示。

【步骤02】：插入循环边。在菜单栏中单击 Mesh Tools（网格工具）→Insert Edge Loop（插入循环边）命令。给创建的"qiangti"插入循环边，插入的循环边如图 8.2 所示。

【步骤03】：继续使用 Insert Edge Loop（插入循环边）命令插入循环边，划分出书房的门和前窗的位置，如图 8.3 所示。

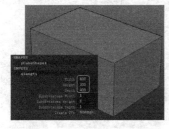
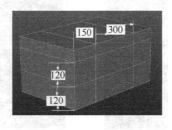
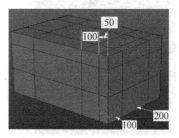

图 8.1　创建的立方体　　　　图 8.2　插入的循环边　　　　图 8.3　继续插入的循环边

【步骤04】：挤出面。选择需要挤出的面。在菜单栏中单击 Edit Mesh（编辑网格）→Extrude（挤出）命令，挤出参数设置和效果，如图 8.4 所示。

【步骤05】：删除多余面。选择需要删除的面，按键盘上的"Delete"键即可。删除面之后的效果如图 8.5 所示。

【步骤06】：反转面操作。在菜单栏中单击 Mesh Display（网格显示）→Reverse（反转）命令即可，反转之后的效果如图 8.6 所示。

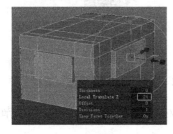

图 8.4　挤出参数设置和效果　　　图 8.5　删除面之后的效果　　　图 8.6　翻转之后的效果

视频播放具体介绍请观看配套视频"任务一：书房墙体模型制作.wmv"。

任务二：窗户模型的制作

窗户模型的制作主要导入 ai 曲线，将 ai 曲线转换为多边形面和挤出操作。具体操作方法如下。

【步骤01】：收集参考图，窗户的参考图如图 8.7 所示。

【步骤02】：导入参考图。在菜单栏中单击 File（文件）→Import（导入）命令，弹出【导入】对话框，在弹出的对话框双击"chuangge.ai"文件即可将曲线导入场景中，如图 8.8 所示。

【步骤03】：将曲线转换为多边形对象。在菜单栏中单击 Surfaces（曲面）→Planar（平面）→■图标，弹出【Planar Trim Surface Options（平面修建曲面选项）】对话框，具体参数设置如图 8.9 所示。单击【Planar Trim（平面修建）】命令即可将曲线转换为多边形面，如图 8.10 所示。

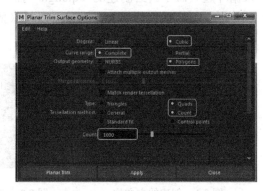

图 8.7　参考图　　　　图 8.8　导入的 ai 曲线　　　图 8.9　平面修建曲面选项的具体参数设置

【步骤04】：挤出操作。选择需要挤出的面，使用 Extrude（挤出）命令对选择的面进行挤出，挤出参数设置和效果，如图 8.11 所示。

【步骤05】：绘制一个平面并给绘制的平面添加两条循环边，如图 8.12 所示。

图 8.10　转换为多边形的面　　图 8.11　挤出参数和效果　　图 8.12　创建并添加两条循环边的平面

【步骤06】：选择创建的平面，使用 Extrude（挤出）命令，对选择的面进行挤出，并调节顶点的位置。

【步骤07】：继续使用 Extrude（挤出）命令，挤出如图 8.13 所示的效果。

【步骤08】：使用 Bevel（倒角）命令，对边进行倒角处理，倒角之后的效果，如图 8.14 所示。

【步骤09】：将倒角之后的窗口使用 Duplicate Special（特殊复制）命令复制一份。执行 Combine（结合）命令，将复制的对象与原对象结合成一个对象。再执行 Merge（合并）命令合并顶点，最终效果如图 8.15 所示。

【步骤09】：对制作好的窗户进行复制和调节位置，最终效果如图 8.16 所示。

【步骤10】：创建一个摄像机，调节好角度，切换到摄像机视图，效果如图 8.17 所示。

【视频播放】具体介绍请观看配套视频"任务二：窗户模型的制作.wmv"。

图 8.13　多次挤出和调节的效果

图 8.14　倒角之后的效果

图 8.15　制作好的窗户

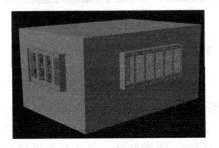
图 8.16　窗户的最终效果

图 8.17　摄像机视图效果

任务三：制作书房吊顶模型

书房吊顶模型制作的方法是通过对平面进行挤出、倒角和调节的方法。具体操作方法如下。

【步骤01】： 在 Top（顶视图）中创建一个宽为 610cm、长为 410cm 的平面并命名为 "diaoding"。

【步骤02】： 将 "diaoding" 切换到面编辑模式，使用 Extrude（挤出）命令进行多次挤出调节，最终效果如图 8.18 所示。

【步骤03】： 删除多余的面，在菜单栏中单击 Mesh Display（网格显示）→Reverse（反转）命令，将挤出效果进行反转操作，效果如图 8.19 所示。

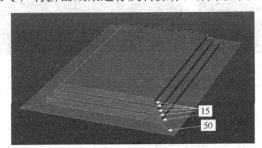
图 8.18　挤出调节之后的效果

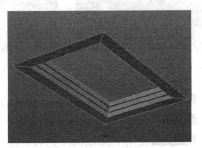
图 8.19　删除和反转面之后的效果

步骤04：倒角操作。选择需要倒角操作的面，执行 Bevel（倒角）命令，倒角参数设置和效果如图 8.20 所示。

步骤05：切换到摄像机视图，调节好吊顶的位置，最终效果如图 8.21 所示。

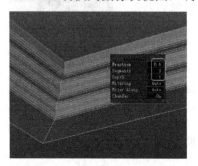

图 8.20　倒角参数和效果

图 8.21　最终吊顶效果

视频播放具体介绍请观看配套视频"任务三：制作书房吊顶模型.wmv"。

任务四：吊灯模型的制作

吊灯模型制作的方法是，主要通过对多边形基本体进行编辑，具体操作方法如下。

步骤01：创建圆环。在菜单栏中单击 Create（创建）→Polygon Primitives（多边形基本体）→Pipe（管道）命令，在 Front（前视图）中创建一个管状体。具体参数设置和效果，如图 8.22 所示。

步骤02：创建一个平面。在单栏中单击 Create（创建）→Polygon Primitives（多边形基本体）→Plane（平面）命令，在 Top（顶视图）中创建一个长和宽都为 60cm 的平面。

步骤03：插入循环边。在菜单栏中单击 Mesh Tools（网格工具）→Insert Edge Loop（插入循环边）命令，给创建的平面插入循环边，如图 8.23 所示。

步骤04：删除多余的面，使用 Extrude（挤出）命令对剩余的面进行挤出，挤出参数设置和效果如图 8.24 所示。

图 8.22　创建的管道对象

图 8.23　插入的循环边

图 8.24　挤出的参数设置和效果

步骤05：复制操作，将前面创建的管道复制 3 份，调节好位置，如图 8.25 所示。

步骤06：使用 Cylinder（圆柱体）命令，创建 2 个圆柱体，如图 8.26 所示。

步骤07：使用 Combine（结合）命令将创建的 2 个圆柱体结合为一个对象，并删除多余的面，如图 8.27 所示。

图 8.25 复制的效果　　　　图 8.26 创建 2 个圆柱体　　　图 8.27 结合并删除多余面的效果

【步骤08】使用 Bridge（桥接）命令，对选择的边进行桥接，桥接参数设置和效果如图 8.28 所示。

【步骤09】切换到桥接对象的顶点编辑模式，调节顶点的位置，再使用 Extrude（挤出）命令对选择的面进行挤出。挤出参数设置和效果如图 8.29 所示。

图 8.28 桥接参数设置和效果　　　　　　图 8.29 调节顶点和挤出参数设置和效果

【步骤10】使用 Cube（立方体）命令创建一个立方体，如图 8.30 所示。

【步骤11】使用 Combine（结合）命令将制作好的筒灯结合为一个对象，并复制一个，调节好位置，最终效果如图 8.31 所示。

图 8.30 创建的立方体效果　　　　　　图 8.31 结合、复制和调节好位置的效果

具体介绍请观看配套视频"任务四：吊灯模型的制作.wmv。

七、拓展训练

根据案例 1 所学知识，制作如下书房墙体、窗户和顶面模型。

案例2：书柜模型的制作

一、案例内容简介

本案例主要介绍书柜模型制作的基本流程、原理、方法、注意事项和技巧。

二、案例效果欣赏

三、案例制作流程（步骤）及技巧分析

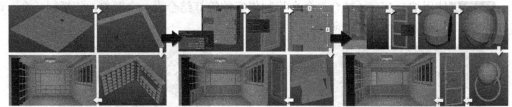

任务一：制作书柜的主体模型　　任务二：制作书柜木门　　任务三：制作书柜玻璃门

四、制作目的

了解书柜模型制作的基本流程、原理、方法和技巧。

五、制作过程中需要解决的问题

（1）书柜的基本尺寸。

（2）书柜风格分类。

（3）书柜制作的基本流程、原理、方法和技巧。

（4）制作书柜所用到的命令。

六、详细操作步骤

任务一：制作书柜的主体模型

书柜主体模型制作的方法比较简单，主要通过对创建的平面添加循环边、删除多余面、挤出和调节来制作。

【步骤01】：创建平面。在菜单栏中单击 Create（创建）→Polygon Primitives（多边形基本体）→Plane（平面）命令，在 Top（顶视图）中创建一个长和宽都为 400mm 的平面，如图 8.32 所示。

【步骤02】：插入循环边。在菜单栏中单击 Mesh Tools（网格工具）→Insert Edge Loop（插入循环边）命令，如图 8.33 所示。

【步骤03】：使用 Delete 命令删除多余的面，再使用 Delete Edge/vretex（删除边/顶点）删除多余的边，如图 8.34 所示。

图 8.32　创建的平面

图 8.33　插入的循环边

图 8.34　删除多余的面和边

【步骤04】：选择所有剩下的面，使用 Extrude（挤出）命令，进行多次挤出。挤出参数和效果如图 8.35 所示。

【步骤05】：继续使用 Extrude（挤出）命令进行挤出，挤出参数设置和效果如图 8.36 所示。

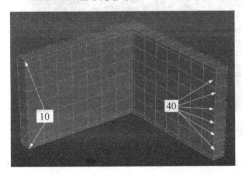

图 8.35　按步骤 4 挤出参数和效果

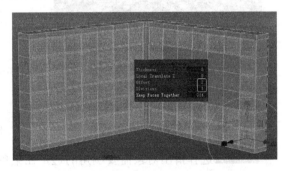

图 8.36　按步骤 5 挤出参数设置和效果

【步骤06】：继续使用 Extrude（挤出）命令进行挤出，挤出参数设置和效果如图 8.37 所示。

【步骤07】：使用 Extrude（挤出）命令进行挤出，挤出参数设置和效果如图 8.38 所示。

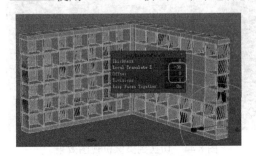

图 8.37　按步骤 6 挤出参数和效果

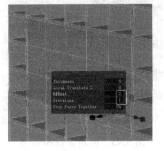

图 8.38　按步骤 7 挤出参数和效果

【步骤08】：继续使用 Extrude（挤出）命令进行挤出，挤出参数设置和效果如图 8.39 所示。

【步骤09】：制作书柜的眉头。绘制和创建如图 8.40 所示的曲线和创建的平面。

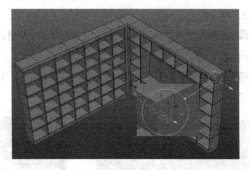

图 8.39　按步骤 8 挤出参数设置和效果　　　　图 8.40　绘制的曲线和创建的平面

【步骤10】：使用 Extrude（挤出）命令沿路径挤出，挤出参数设置和效果如图 8.41 所示。

【步骤11】：使用 Insert Edge Loop（插入循环边）命令插入一条循环边，切换到 Vertex（顶点）编辑模式。调节顶点的位置，调节之后的效果，如图 8.42 所示。

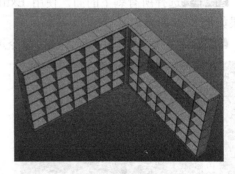

图 8.41　沿路径挤出的效果　　　　图 8.42　插入循环边和调节顶点之后的效果

【步骤12】：选择挤出对象需要倒角的边，在菜单栏中单击 Edit Mesh（编辑网格）→Bevel（倒角）命令，倒角参数和效果如图 8.43 所示。

【步骤13】：切换到摄像机视图，渲染效果如图 8.44 所示。

图 8.43　倒角参数和效果　　　　图 8.44　切换到摄像机视图效果

视频播放 具体介绍请观看配套视频"任务一：制作书柜的主体模型.wmv"。

任务二：制作书柜木门

书柜门下面两层使用木门，上面所有层使用玻璃门。这两种门的制作方法如下。

1. 制作门板

木门的制作主要通过对平面进行挤出和倒角来制作。

步骤01： 在 side（侧视图）中绘制一个平面。参数设置和效果如图 8.45 所示。

步骤02： 切换到平面的 Face（面）编辑模式，选择面使用 Extrude（挤出）命令对平面进行挤出 2 次，挤出效果如图 8.46 所示。

步骤03： 继续使用 Extrude（挤出）命令进行挤出，挤出参数和效果如图 8.47 所示。

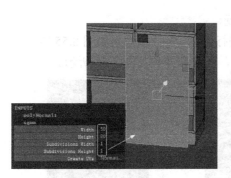

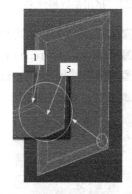

图 8.45　创建的平面　　　图 8.46　挤出效果　　图 8.47　按步骤 3 挤出参数和效果

步骤04： 使用 Extrude（挤出）命令进行挤出，挤出参数和效果如图 8.48 所示。

步骤05： 使用 Extrude（挤出）命令进行挤出，挤出参数和效果如图 8.49 所示。

步骤06： 使用 Extrude（挤出）命令进行挤出，挤出参数和效果如图 8.50 所示。

图 8.48　按步骤 4 挤出　　　图 8.49　按步骤 5 挤出　　　图 8.50　按步骤 6 挤出
　　参数和效果　　　　　　　　参数和效果　　　　　　　　参数和效果

步骤07： 选择边界边，使用 Extrude（挤出）命令进行挤出，挤出参数和效果如图 8.51 所示。

2. 制作木门的拉手

【步骤01】：在 Side（侧视图）中绘制一个平面并使用 Insert Edge Loop（插入循环边）命令插入循环边，如图 8.53 所示。

  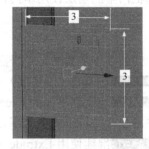

图 8.51　挤出参数和效果　　图 8.52　倒角参数和效果　　图 8.53　创建的平面和插入的循环边

【步骤02】：删除多余的边和顶点，效果如图 8.54 所示。

【步骤03】：使用 Extrude（挤出）命令，对选择的面进行挤出，参数和效果如图 8.55 所示。

【步骤04】：继续使用 Extrude（挤出）命令进行挤出，参数和效果如图 8.56 所示。

图 8.54　删除多余的边和　　　图 8.55　按步骤 3 挤出　　　图 8.56　按步骤 4 挤出
　　　　　顶点效果　　　　　　　　　　　参数和效果　　　　　　　　　参数和效果

【步骤05】：继续使用 Extrude（挤出）命令进行挤出，挤出效果如图 8.57 所示。

【步骤06】：将木门和拉手调节好位置并使用 Combine（结合）命令将其结合为一个对象。最终效果如图 8.58 所示。

【步骤07】：复制门和拉手，对复制的门和拉手调节好位置及大小，最终效果如图 8.59 所示。

图 8.57　继续挤出的效果　　　图 8.58　木门和　　　图 8.59　复制和调节好位置的效果
　　　　　　　　　　　　　　　　　　拉手效果

具体介绍请观看配套视频"任务二：制作书柜木门.wmv"。

任务三：制作书柜玻璃门

书柜玻璃门的制作方法与书柜木门的制作方法基本相同，具体操作方法如下。

1．制作玻璃门

【步骤01】：在 Side（侧视图）图中创建一个平面并插入循环边，如图 8.60 所示。

【步骤02】：使用 Extrude（挤出）命令对选择的面进行挤出并调节顶点的位置，效果如图 8.61 所示。

【步骤03】：继续使用 Extrude（挤出）命令对选择的面进行挤出。挤出参数和效果如图 8.62 所示。

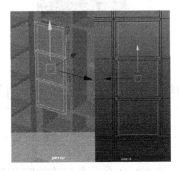

图 8.60　创建并插入循环边效果　　　图 8.61　挤出和调节的效果　　　图 8.62　按步骤 3 挤出参数和效果

【步骤04】：删除多余的面，选择边界边，继续使用 Extrude（挤出）命令对选择的边界边进行挤出，挤出参数和效果如图 8.63 所示。

【步骤05】：选择需要倒角的边，使用 Bevel（倒角）命令进行倒角，倒角参数和效果如图 8.64 所示。

【步骤06】：创建一个平面，给平面添加一个 Blinn（布林）材质，设置材质为透明。将平面和玻璃门框架结合为一个对象并命名为"blm"，效果如图 8.65 所示。

图 8.63　按步骤 4 挤出参数和效果　　　图 8.64　倒角参数和效果　　　图 8.65　玻璃门效果

2. 制作玻璃门拉手

玻璃门拉手主要通过对球体进行编辑来制作。

【步骤01】：在 Side（侧视图）中创建一个球体，球体参数设置和效果如图 8.66 所示。

【步骤02】：将创建的球体切换到 Face（面）编辑模式，删除多余的面，如图 8.67 所示。

【步骤03】：选择删除面之后的边界边，使用 Extrude（挤出）命令，进行 2 次挤出和缩放操作，最终效果如图 8.68 所示。

图 8.66　球体参数和效果　　　图 8.67　删除多余的面　　　图 8.68　挤出和缩放之后的效果
　　　　　　　　　　　　　　　　　　之后的效果

【步骤04】：使用 Bevel（倒角）命令，对选择的边进行倒角处理，倒角参数和效果如图 8.69 所示。

【步骤05】：使用 Torus（圆环）命令，在 Side（侧视图）中创建一个圆环，大小和位置如图 8.70 所示。

【步骤06】：使用 Combine（结合）命令，将创建的圆环和球体结合为一个对象，并命名为"lashou"。与玻璃门调节好位置，如图 8.71 所示。

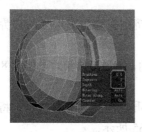

图 8.69　倒角参数和效果　　　图 8.70　创建的圆环　　　图 8.71　调节好位置的拉手

【步骤07】：对制作好的玻璃门进行复制、位置调节和大小调节，最终效果如图 8.72 所示。

图 8.72　复制、位置调节和大小调节之后的玻璃门效果

具体说明请观看配套视频"任务三：制作书柜玻璃门.wmv"。

七、拓展训练

根据案例 2 所学知识，制作如下的书柜模型。

案例 3：书桌和椅子模型的制作

一、案例内容简介

本案例主要介绍书桌和椅子模型的制作。

二、案例效果欣赏

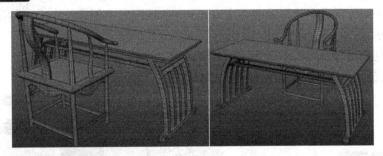

三、案例制作流程（步骤）及技巧分析

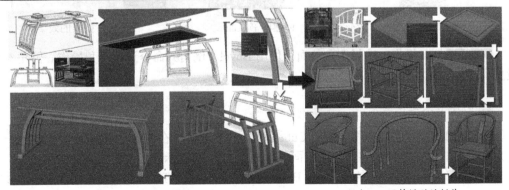

任务一：制作书桌模型　　　　　　任务二：圈椅模型的制作

四、制作目的

熟练掌握书桌和椅子模型制作的原理、方法及技巧。

五、制作过程中需要解决的问题

（1）书桌的基本尺寸。

（2）椅子的分类和基本尺寸。

（3）书桌和椅子模型制作的基本流程、原理、方法和技巧。

（4）沿路径挤出的原理和注意事项。

六、详细操作步骤

任务一：制作书桌模型

书桌模型的制作方法：根据参考图，通过对基本几何体进行编辑来制作，具体操作方法如下。

1. 制作书桌面模型

【步骤01】根据要求通过各种途径收集参考资料，本案例的参考图如图 8.73 所示。

【步骤02】将参考图导入 Front（前视图）中。单击 Front（前视图）菜单栏中的 View（视图）→Image plane（图像平面）→Import Image…（导入图像）命令，弹出【打开】对话框，在该对话框中单选 "shuzhuo01.jpg" 文件，单击【open（）】按钮即可。

【步骤03】创建一个立方体。在菜单栏中选择 Create（创建）→Polygon Primitives（多边形基本体）→Cube（立方体）命令，在 Front（前视图）中创建一个立方体作为书桌面，如图 8.74 所示。

【步骤04】进行挤出操作。切换到书桌面的 Face（面）编辑模式选择底面，使用 Extrude（挤出）命令进行 2 次挤出和缩放操作，效果如图 8.75 所示。

图 8.73　收集的参考图　　　　图 8.74　创建的书桌面　　　　图 8.75　挤出的效果

【步骤05】倒角操作，选择倒角的面，使用 Bevel（倒角）命令进行倒角操作。倒角参数设置和效果如图 8.76 所示。

2. 制作书桌腿模型

【步骤01】创建一个立方体。使用 Cube（立方体）命令，在 Front（前视图）中创建一个立方体，调节顶点的位置并删除上下面，效果如图 8.77 所示。

【步骤02】选择需要倒角的边，使用 Bevel（倒角）命令进行倒角，倒角参数和效果如图 8.78 所示。

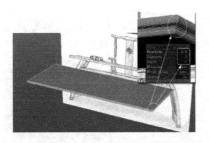

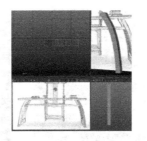

图 8.76 倒角参数设置和效果　　　　图 8.77 创建并调节的立方体　　　　图 8.78 倒角效果

【步骤03】方法同上，使用 Cube（立方体）命令创建书桌腿的竖支架和横支架，最终效果如图 8.79 所示。

【步骤04】将书桌面和书桌支架结合为一个对象，如图 8.80 所示。

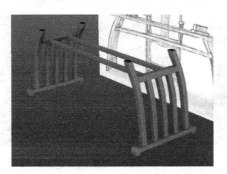

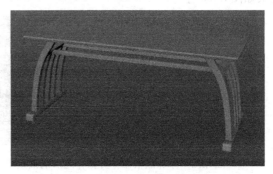

图 8.79 书桌腿的支架　　　　　　　　　图 8.80 书桌效果

【视频播放】具体介绍，请观看配套视频"任务一：制作书桌模型.wmv"。

任务二：椅子模型的制作

椅子模型制作的难度比较大，主要是在造型方面。椅子模型主要是通过对基本体模型进行编辑和沿路径挤出的方法来制作的。

1. 制作椅子模型的椅面

【步骤01】根据要求收集参考图，参考图如图 8.81 所示。

【步骤02】使用 Cube（立方体）命令在 Persp（透视图）中创建一个立方体作为椅子的椅面，参数设置和效果如图 8.82 所示。

【步骤03】添加晶格命令。切换到 Animation（动画）模块。在菜单栏中单击 Deform（变形）→Lattice（晶格）命令，在对象上单击鼠标右键，弹出快捷菜单，在弹出的快捷菜单中单击 Lattice Point（晶格点）命令，切换到 Lattice Point（晶格点）编辑模式，选择晶格点进行缩放操作即可。Lattice Point（晶格点）命令参数设置和缩放效果如图 8.83 所示。

【步骤04】删除历史记录。在菜单栏中单击 Edit（编辑）→Delete by Type（删除类型）→History（历史）命令即可。

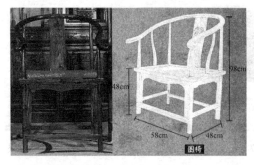

图 8.81　收集的参考图

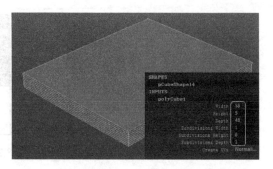

图 8.82　创建的椅子椅面

【步骤05】：切换到椅子模型的顶点编辑模式。使用缩放工具对顶点进行缩放操作，最终效果如图 8.84 所示。

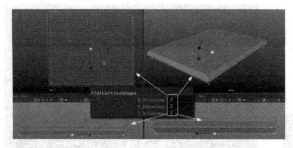

图 8.83　添加晶格命令并操作之后的效果

图 8.84　缩放顶点之后的效果

【步骤06】：使用 Extrude（挤出）命令，对椅子顶面进行 4 次挤出和缩放操作，最终效果如图 8.85 所示。

【步骤07】：使用 Cylinder（圆柱体）命令，在 Top（顶视图）中创建一个圆柱体并删除上下顶面。参数设置和效果如图 8.86 所示。

【步骤08】：将创建好的圆柱体复制一份调节好位置，再使用 Cube（立方体）命令创建一个立方体并调节立方体的顶点，最终效果如图 8.87 所示。

图 8.85　挤出 4 次和缩放的效果

图 8.86　圆柱体效果

图 8.87　创建立方体并编辑之后的效果

【步骤09】：对创建的椅子腿和横支架进行复制，调节好位置，如图 8.88 所示。

【步骤10】：使用 Bevel（倒角）命令，对椅子的横支架进行倒角处理，效果如图 8.89 所示。

［步骤11］: 使用 Cube（立方体）命令创建立方体作为椅子的下横支架，接着使用 Bevel（倒角）命令进行倒角处理，再复制 3 个，调节好位置，如图 8.90 所示。

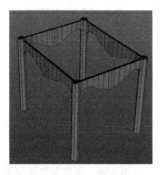  

图 8.88　复制并调节好位置的效果　　　图 8.89　对上横支架倒角　　　图 8.90　制作的下横支架
　　　　　　　　　　　　　　　　　　　　　 之后的效果

2. 制作椅子靠背支架

椅子靠背支架主要通过创建圆柱、沿路径挤出操作、顶点缩放和调节来制作，具体操作方法如下。

［步骤01］: 绘制曲线。在菜单栏中单击 Create（创建）→Curve Tools（曲线工具）→CV Curve Tool（CV 曲线工具）命令，在 Top（顶视图）中绘制曲线，如图 8.91 所示。

［步骤02］: 使用 Cylinder（圆柱体）命令，创建一个圆柱体，删除多余的面并调节好位置，如图 8.92 所示。

［步骤03］: 选择挤出的面，加选曲线。使用 Extrude（挤出）命令，挤出的效果如图 8.93 所示。

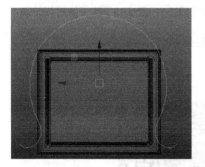  

图 8.91　绘制的曲线　　　　　图 8.92　创建圆柱体并　　　　　图 8.93　挤出的效果
　　　　　　　　　　　　　　　　 删除多余面的效果

［步骤04］: 切换到顶点编辑模式，对挤出的模型进行顶点调节，再对模型进行旋转和位置调节，最终效果如图 8.94 所示。

［步骤05］: 使用 Cube（立方体）命令，在 Front（前视图）中创建一个圆柱体，切换到 Vertex（顶点）编辑模式，调节顶点的位置，效果如图 8.95 所示。

【步骤06】：对椅子靠背板使用 Bevel（倒角）命令进行倒角操作，参数设置和效果如图 8.96 所示。

图 8.94　调节好位置的效果　　　　图 8.95　椅子靠背板　　　　图 8.96　倒角参数和效果

【步骤07】：使用 Cylinder（圆柱体）命令，在 Top（顶视图）中创建圆柱体，调节圆柱体的顶点，对调节好顶点的圆柱体进行复制来制作椅子的竖支架，如图 8.97 所示。

【步骤08】：调节好位置并显示椅子的其他对象，在 4 个视图中的效果如图 8.98 所示。

【步骤09】：给椅子的靠背添加 Smooth（平滑）命令，最终效果如图 8.99 所示。

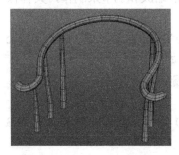

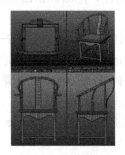

图 8.97　制作椅子的竖支架　　　图 8.98　椅子在 4 个视图中的效果　　　图 8.99　椅子的最终效果

【视频播放】具体介绍请观看配套视频"任务二：椅子模型的制作.wmv"。

七、拓展训练

根据案例 3 所学知识，制作书桌和椅子模型。

案例4：各种装饰模型的制作

一、案例内容简介

本案例主要介绍书籍、笔筒、挂画和笔架模型的制作。

二、案例效果欣赏

三、案例制作流程（步骤）及技巧分析

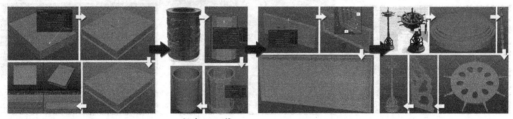

任务一：制作书籍模型　　任务二：笔筒模型的制作　　任务三：画框模型的制作　　任务四：制作笔架模型

四、制作目的

熟练掌握书籍、笔筒、挂画和笔架模型制作的原理、方法以及技巧。

五、制作过程中需要解决的问题

（1）书籍的分类、基本尺寸。

（2）笔筒的尺寸。

（3）挂画的基本尺寸以及材质。

（4）书籍、笔筒、挂画和笔架模型制作的原理、方法以及技巧。

六、详细操作步骤

在本案例中主要介绍书籍模型的制作、笔筒模型的制作、画框模型的制作和笔架模型的制作。

任务一：制作书籍模型

书籍模型的制作比较简单，主要通过对立方体进行挤出和倒角来制作。具体操作方法如下。

【步骤01】：使用 Cube（立方体）命令，在 Top（顶视图）中创建一个立方体，参数和效果如图 8.100 所示。

【步骤02】：选择需要挤出的面，使用 Extrude（挤出）命令对选择的面进行挤出。

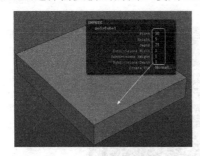
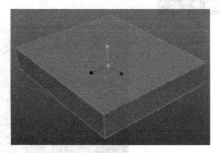

图 8.100　创建的立方体和参数设置　　　　图 8.101　挤出的选择面

【步骤03】：使用 Extrude（挤出）命令，对选择的面进行挤出和调节，如图 8.102 所示。

【步骤04】：使用 Insert Edge Loop（插入循环边）命令插入 5 条循环边，如图 8.103 所示。

【步骤05】：切换到 Vertex（顶点）编辑模式，对顶点进行调节，调节之后的效果如图 8.104 所示。

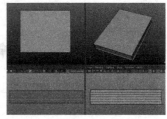

图 8.102　对选择的面挤出并　　　图 8.103　插入 5 条循环边的　　　图 8.104　调点之后的效果
　　　　　　调节之后的效果　　　　　　　　　　效果

【视频播放】具体介绍，请观看配套视频"任务一：制作书籍模型.wmv"。

任务二：笔筒模型的制作

笔筒模型的制作方法是，根据收集的参考图使用圆柱体进行挤出和调节来制作，具体操作方法如下。

【步骤01】：收集参考图，参考图效果如图 8.105 所示。

【步骤02】：使用 Cylinder（圆柱体）命令，创建一个圆柱体，参数设置和效果如图 8.106 所示。

【步骤03】：选择圆柱体的顶面，使用 Extrude（挤出）命令，对顶面挤出 2 次并调节，效果如图 8.107 所示。

图 8.105 参考图

图 8.106 参数设置和效果

图 8.107 对顶面挤出 2 次后的
调节效果

【步骤04】：使用 Insert Edge Loop（插入循环边）命令插入 3 条循环边，如图 8.108 所示。

【步骤05】：选择需要挤出的面，使用 Extrude（挤出）命令，对选择的面进行挤出，挤出效果如图 8.109 所示。

【步骤06】：使用 Insert Edge Loop（插入循环边）命令根据笔筒结构插入循环边（一般情况下，一个结构需要 3 条边来表现），插入循环边之后的效果，如图 8.110 所示。

图 8.108 插入循环边之后的效果

图 8.109 挤出之后的效果

图 8.110 插入循环边之后的效果

【步骤07】：给笔筒添加平滑命令，在菜单栏中单击 Mesh（网格）→Smooth（平滑）命令，在通道中把 Divisions（细分级别）设置为 2，效果如图 8.111 所示。

【视频播放】具体介绍，请观看配套视频"任务二：笔筒模型的制作.wmv"。

任务三：画框模型的制作

画框模型的制作比较简单，通过对立方体进行挤出和倒角操作即可完成。在制作之前，需要了解画框的基本尺寸和比例。可以从网上收集资料。在此就不再详细介绍。

【步骤01】：使用 Cube（立方体）命令，创建一个立方体，参数设置和效果如图 8.112 所示。

【步骤02】：使用 Extrude（挤出）命令进行多次挤出，最终效果如图 8.113 所示。

【步骤03】：选择需要倒角的边，使用 Bevel（倒角）命令进行倒角处理，最终效果如图 8.114 所示。

图 8.111　添加平滑之后的效果

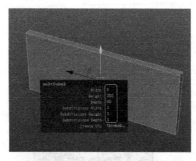

图 8.112　立方体参数设置和效果

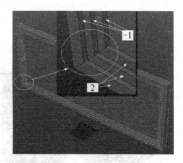

图 8.113　多次挤出的最终效果

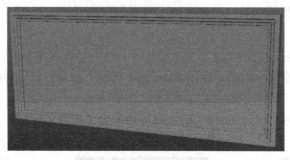

图 8.114　进行倒角之后的效果

具体介绍，请观看配套视频"任务三：画框模型的制作.wmv"。

任务四：制作笔架模型

笔架模型的制作，主要根据收集的资料作为参考来制作。

1. 制作笔架模型的底座

【步骤01】：收集资料，收集的资料如图 8.115 所示。将收集的参考图导入到 Front（前视图）中。

【步骤02】：使用 Cylinder（圆柱体）创建一个圆柱体，与参考图匹配，如图 8.116 所示。

【步骤03】：使用 Insert Edge Loop（插入循环边）命令，插入循环边并对插入的循环边进行缩放和位置调节，最终效果如图 8.117 所示。

图 8.115　收集的参考图

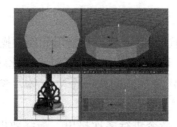

图 8.116　创建的圆柱体

图 8.117　插入循环边并调节
之后的效果

步骤04：继续使用 Insert Edge Loop（插入循环边）命令，插入循环边，插入的循环边如图 8.118 所示。

步骤05：给插入循环边的笔架底座添加 Smooth（平滑）命令，在通道栏中给 Divisions（细分级别）的参数设置为 2，最终效果如图 8.119 所示。

2. 制作笔架模型的支持杆

步骤01：根据参考图，使用 Cube（立方体）命令，创建一个立方体，如图 8.120 所示。

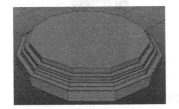

图 8.118　添加的循环边　　图 8.119　添加平滑命令之后的效果　　图 8.120　创建的立方体

步骤02：添加切角顶点命令。切换到 Vertex（顶点）编辑模式，选择需要进行切角的顶点，在菜单栏中单击 Edit Mesh（编辑网格）→Chamfer Vertices（切角顶点）命令，切角参数和效果，如图 8.121 所示。

步骤03：使用移动工具和缩放工具对顶点进行缩放和位置调节，如图 8.122 所示。

步骤04：使用 Bevel（倒角）命令，对边进行倒角操作，最终效果如图 8.123 所示。

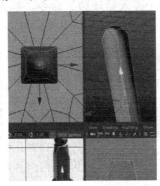
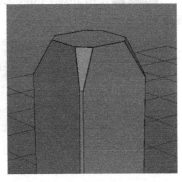

图 8.121　切角参数　　　　图 8.122　缩放和调节顶点　　　图 8.123　对边倒角之后的效果
　　　设置和效果　　　　　　　之后的效果

步骤05：使用 Cylinder（圆柱体）命令，创建一个圆柱体，如图 8.124 所示。

步骤06：使用 Insert Edge Loop（插入循环边）命令，根据参考图对插入的循环边进行缩放和位置调节，最终效果如图 8.125 所示。

步骤07：使用 Merge to Center（合并到中心）命令，将最上端的顶点合并。再给模型添加 Smooth（平滑）命令，在通道栏中把 Divisions（细分级别）的参数设置为 2，最终效果如图 8.126 所示。

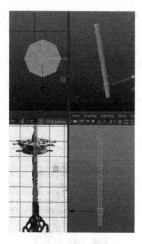

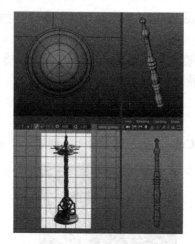

图 8.124　创建的圆柱体　　　图 8.125　插入循环边并缩放　　　图 8.126　添加平滑命令的效果
　　　　　　　　　　　　　　　　操作之后的效果

3. 制作笔架模型的挂壁盘

【步骤01】：使用 Cylinder（圆柱体）创建一个圆柱体，如图 8.127 所示。

【步骤02】：选择面使用 Extrude（挤出）命令对选择的面进行 2 次挤出，对挤出的面进行缩放和调节，如图 128 所示。

【步骤03】：使用 Insert Edge Loop（插入循环边）命令，插入循环边并进行缩放操作，如图 8.129 所示。

图 8.127　创建的圆柱体　　　图 8.128　挤出的面调节的效果　　　图 8.129　插入循环边和进行
　　　　　　　　　　　　　　　　　　　　　　　　　　　　　　　　　　缩放的效果

【步骤04】：提取面。选择制作好造型的面，在菜单栏中单击 Edit Mesh（编辑网格）→ Extract（提取）命令，将制作好造型的面单独提取出来。删除多余的挤出面，再使用 Duplicate Special（特殊复制）命令，进行旋转复制，效果如图 8.130 所示。

【步骤05】：使用 Combine（结合）命令将特殊复制的对象与原对象进行结合。再使用 Merge（合并）命令进行全部合并。效果如图 8.131 所示。

【步骤06】：使用 Extrude（挤出）命令，选择中间的三角面进行 6 次挤出和缩放操作，最终效果如图 8.132 所示。

【步骤07】：切换到面编辑模式，删除上下多余的面，如图 8.133 所示。

【步骤08】：使用 Bridge（桥接）命令，进行桥接处，桥接之后的效果如图 8.134 所示。

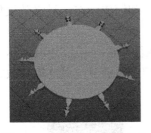

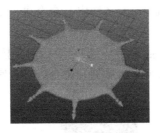

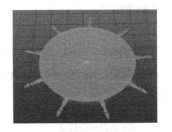

图 8.130　提取和复制的效果　　　图 8.131　合并之后的效果　　　图 8.132　挤出和缩放后的效果

【步骤09】：切换到顶点编辑模式，对洞口的顶进行缩放操作，再添加 Smooth（平滑）命令。在通道栏中把 Divisions（细分级别）的参数设置为 2。最终效果如图 8.135 所示。

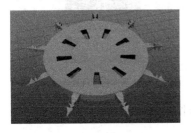

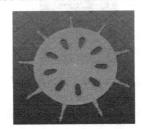

图 8.133　删除多余的面　　　　图 8.134　桥接之后的效果　　　图 8.135　调节顶点并添加平滑
　　　　　　　　　　　　　　　　　　　　　　　　　　　　　　　　命令之后的效果

4. 制作笔架支柱装饰花纹

【步骤01】：创建多边形。在菜单栏中单击 Mesh Tools（网格工具）→Create Polygon（创建多边形）命令，根据参考图创建多边形，使用 Extrude（挤出）命令进行挤出操作，最终效果如图 8.136 所示。

【步骤02】：方法同上，根据参考图使用 Create Polygon（创建多边形）命令，创建多边形并使用 Extrude（挤出）命令进行挤出，如图 8.137 所示。

【步骤03】：布尔操作。单选最先创建的多边形，加选其他多边形。在菜单栏中单击 Mesh（网格）→Booleans（布尔）→Difference（差集）命令即可得到如图 8.138 所示的效果。

图 8.136　创建的多边形　　　图 8.137　继续创建的多边形　　　图 8.138　布尔运算的效果

【步骤04】：选择多边形面，使用 Extrude（挤出）命令进行挤出和缩放操作，最终效果如图 8.139 所示。

【步骤05】：使用 Insert Edge Loop（插入循环边）命令给对象插入循环边，如图 8.140 所示。

【步骤06】：使用 Duplicate Special（特殊复制）命令进行复制和位置调节，最终笔架效果如图 8.141 所示。

图 8.139　挤出和缩放后的效果　　　图 8.140　插入循环边效果　　　图 8.141　复制和位置调节效果

【步骤07】：将制作好的书籍、笔筒、挂画、笔架以及其他装饰品导入到场景中并调节好位置，最终效果如图 8.142 所示。

【提示】导入其他模型的方法很简单，将 Top（顶视图）设置为当前视图，在菜单栏中单击 File（文件）→Import...（倒入...）→弹出【Import（导入）】对话框，在该对话框中单选需要导入的文件，单击 Import（导入）按钮即可。再使用移动、缩放和旋转命令对导入的模型根据要求进行缩放、旋转和移动操作。

图 8.142　导入所有装饰品的效果

【视频播放】具体介绍，请观看配套视频"任务四：制作笔架模型.wmv"。

七、拓展训练

运用案例 4 所学知识，制作如下各种装饰模型。

参 考 文 献

[1] 伍福军，张巧玲，张祝强. Maya2011 三维动画基础案例教程. 北京：北京大学出版社，2012.

[2] 完美动力. 梦工厂之三维雕像 Maya 模型手册. 北京：人民邮电出版社，2015.

[3] 完美动力. Maya 模型. 北京：海洋出版社，2012.

[4] 余春娜. Maya 2016 三维动画制作案例教程. 北京：清华大学出版社，2017.

[5]〔英〕基思·奥斯本. Maya 卡通动画角色设计. 侯钰瑶，译. 北京：中国青年出版社，2017.

[6] 杨庆钊. Maya 建模材质渲染深度剖析. 北京：清华大学出版社，2014.

[7] 李梁. 中文版 Maya 模型案例高级教程. 北京：中国青年出版社，2016.

[8] CGWANG 动漫教育. Maya 影视动画高级模型制作全解析. 北京：中国工信出版集团，人民邮电出版社，2016.

[9] 夏远，党亮元. 中文版 Maya2014 案例教程. 北京：中国工信出版集团，人民邮电出版社，2016.

[10] 水晶石教育. Maya 影视动画建模. 北京：高等教育出版社，2016.